U0177110

重庆市畜禽地方标准汇编

Chongqing shi Chuqin Difang Biaozhun Huibian

（2011—2022）

（下册）

重庆市畜牧技术推广总站
重庆市生猪产业技术体系创新团队　编
重庆市畜牧兽医标准化技术委员会

中国农业出版社
北　京

图书在版编目（CIP）数据

重庆市畜禽地方标准汇编. 下册 / 重庆市畜牧技术
推广总站，重庆市生猪产业技术体系创新团队，重庆市畜
牧兽医标准化技术委员会编. —北京：中国农业出版社，
2022.11
ISBN 978-7-109-30186-3

Ⅰ. ①重… Ⅱ. ①重… ②重… ③重… Ⅲ. ①畜禽—
地方标准—汇编—重庆 Ⅳ. ①S8-65

中国版本图书馆 CIP 数据核字（2022）第 198064 号

中国农业出版社出版

地址：北京市朝阳区麦子店街 18 号楼

邮编：100125

责任编辑：全 聪 文字编辑：孙蕴琪

版式设计：李 文 责任校对：周丽芳

印刷：中农印务有限公司

版次：2022 年 11 月第 1 版

印次：2022 年 11 月北京第 1 次印刷

发行：新华书店北京发行所

开本：880mm×1230mm 1/16

总印张：44.75

总字数：1418 千字

总定价：168.00 元（上、下册）

下册目录

七、兔（6 个）

DB50/T 739—2016　家兔人工授精技术规范 ······················· 337

DB50/T 942—2019　伊拉配套系祖代种兔种质评定 ··············· 345

DB50/T 943—2019　伊拉配套系父母代种兔种质评定 ············· 351

DB50/T 1012—2020　肉兔家庭农场养殖技术规范 ················· 357

DB50/T 1063—2020　肉兔育肥效果评价指南 ····················· 363

DB50/T 1212—2022　肉兔种场建设规范 ························· 369

八、蜂（7 个）

DB50/T 940—2019　中蜂种蜂场建设规程 ······················· 377

DB50/T 1008—2020　柑橘蜜蜂授粉技术规程 ····················· 383

DB50/T 1032—2020　中蜂养殖技术规程 ························· 389

DB50/T 1051—2020　中蜂家庭蜂园建设规范 ····················· 395

DB50/T 1076—2021　设施草莓意大利蜜蜂授粉技术规范 ··········· 399

DB50/T 1078—2021　中蜂成熟蜜生产技术规范 ··················· 405

DB50/T 1214—2022　中华蜜蜂人工育王技术规范 ················· 411

九、饲料（3 个）

DB50/T 669—2016　青贮饲料品质鉴定 ························· 419

DB50/T 953—2019　饲料中大肠杆菌 O157 的快速检测　环介导等温扩增（LAMP）法 ········· 425

DB50/T 1147—2021　猪用液态发酵饲料生产技术规程 ············· 431

十、牧草（27 个）

DB50/T 397—2011　扁穗牛鞭草种植技术规范 ··················· 441

DB50/T 398—2011　皇竹草种植技术规范 ······················· 445

DB50/T 399—2011　甜高粱种植技术规范 ······················· 451

DB50/T 409—2011　白三叶种植技术规范 ······················· 455

DB50/T 410—2011　菊苣种植技术规范 ························· 459

DB50/T 476—2012　多花黑麦草种植技术规范 ··················· 463

DB50/T 477—2012　鸭茅种植技术规范 ························· 467

DB50/T 478—2012　鸭茅种子生产技术规程 ····················· 471

DB50/T 483—2012　玉米全株青贮技术规范 ····················· 477

DB50/T 549—2014　多年生黑麦草种植技术规范 ················· 483

DB50/T 550—2014　多花黑麦草种子生产技术规程 ··············· 487

DB50/T 551—2014　苇状羊茅种植技术规范 ····················· 493

DB50/T 736—2016　高丹草种植技术规范 ······················· 497

DB50/T 737—2016　象草种植技术规范 ……………………………………………………… 501

DB50/T 914—2019　多花黑麦草机械化轻简生产技术规范 ………………………………… 505

DB50/T 997—2020　饲用籽粒苋栽培技术规范 …………………………………………… 509

DB50/T 1025—2020　杂交狼尾草窖贮技术规程 …………………………………………… 515

DB50/T 1027—2020　大黑山薏苡种植技术规范 …………………………………………… 521

DB50/T 1061—2020　饲料桑草本化栽培技术规范 ………………………………………… 525

DB50/T 1103—2021　皇竹草机械化生产技术规范 ………………………………………… 531

DB50/T 1139—2021　饲用苎麻种植及鲜饲利用技术规程 ………………………………… 537

DB50/T 1152—2021　杂交狼尾草繁殖技术规程 …………………………………………… 545

DB50/T 1153—2021　杂交狼尾草种植技术规程 …………………………………………… 549

DB50/T 1181—2021　饲用紫云英种植技术规程 …………………………………………… 555

DB50/T 1215—2022　马棘与甜象草混合青贮技术规程 …………………………………… 559

DB50/T 1249—2022　中高山地区混播草地建植技术规程 ………………………………… 563

DB50/ T 1251—2022　杂交狼尾草青贮质量评定 …………………………………………… 567

十一、生物安全（6个）

DB50/T 904—2019　不合格动物产品判定技术规范 ………………………………………… 577

DB50/T 952—2019　动物组织中赭曲霉毒素 A 的测定

　高效液相色谱法和液相色谱串联质谱法 …………………………………………………… 583

DB50/T 1006—2020　牛肺炎支原体抗体检测方法 ………………………………………… 591

DB50/T 1062—2020　幼兔肠道疾病预防技术规程 ………………………………………… 597

DB50/T 1244—2022　基于 *plo* 基因的山羊化脓隐秘杆菌 PCR 检测方法 ……………… 601

DB50/T 1254—2022　山羊地方性鼻内肿瘤病毒 EvaGreen 荧光定量 PCR 检测方法 ………… 611

十二、畜牧业信息化（8个）

DB50/T 1095—2021　畜牧业生产统计规范 ………………………………………………… 621

DB50/T 1096.1—2021　畜牧兽医大数据应用与管理　第1部分：总则 …………………… 625

DB50/T 1096.2—2021　畜牧兽医大数据应用与管理　第2部分：元数据 ………………… 629

DB50/T 1096.3—2021　畜牧兽医大数据应用与管理　第3部分：信息分类与编码 ……… 639

DB50/T 1096.4—2021　畜牧兽医大数据应用与管理　第4部分：数据接口 ……………… 649

DB50/T 1096.5—2021　畜牧兽医大数据应用与管理　第5部分：共享交换技术要求 …… 655

DB50/T 1096.6—2021　畜牧兽医大数据应用与管理　第6部分：信息资源目录 ………… 665

DB50/T 1096.7—2021　畜牧兽医大数据应用与管理　第7部分：管理要求 ……………… 671

十三、畜禽粪污资源化利用（4个）

DB50/T 1268—2022　规模猪场异位发酵床建设与管理规范 ……………………………… 677

DB50/T 1269—2022　畜禽粪污资源化利用术语 …………………………………………… 683

DB50/T 1276—2022　规模猪场饮用余水收集利用技术规范 ……………………………… 689

DB50/T 1277—2022　规模猪场粪尿全量收集堆肥发酵技术规范 ………………………… 693

七、兔
（6个）

ICS 65.020.30
B 43
备案号:52553—2017

DB50

重 庆 市 地 方 标 准

DB50/T 739—2016

家兔人工授精技术规范

2016-12-01 发布

2017-05-01 实施

重庆市质量技术监督局 发布

前　言

本文件按照 GB/T1.1—2009《标准化工作导则　第 1 部分：标准的结构和编写》的规定起草。

本文件由重庆市农业委员会提出并归口。

本文件起草单位：重庆市畜牧技术推广总站、重庆市永川区畜牧兽医管理中心、重庆迪康肉兔有限公司、重庆兔管家科技发展有限公司、重庆市后戴联业农业开发有限公司、石柱县特色产业生产力促进中心。

本文件主要起草人：胡源、王永康、谭千洪、刘昌良、张晶、谢远兵、高万强、张永恒、马富勤、谭卫国。

家兔人工授精技术规范

1 范围

本文件规定了种公兔和种母兔的选择、调教与精液要求、采精、精液品质检查、精液稀释、贮存、运输、输精、管理制度、档案记录等技术要求。

本文件适用于重庆市家兔人工授精。

2 术语和定义

下列术语和定义适用于本文件。

2.1

人工授精 artificial insemination

人工授精是使用器械采集雄性动物的精液，再用器械把经过检查和处理的精液输入雌性动物的生殖道内，以代替雄性动物通过自然交配繁殖后代的一种繁殖技术。

2.2

种公兔 breeding male rabbit

种公兔指符合种用标准，专门用于给母兔配种并能让母兔怀孕的雄性兔。

2.3

后备种公兔 reserve male rabbit

后备种公兔指断奶后至初配年龄阶段选留作为种用的青年公兔。

2.4

台兔 fake female rabbit

台兔是人工采集种公兔精液时使用的母兔或兔模具等。

3 种公兔的选择与调教及精液要求

3.1 种公兔的选择

选择的种公兔应符合品种特征、体质结实、结构匀称、生殖器官发育正常、性欲旺盛、精液品质良好、健康无病的要求。种公兔利用年限为 8 月龄～36 月龄。

种公兔的精液要求为单次采精量≥0.5 毫升，精子活力≥0.6，精子密度≥2.5 亿个/mL。

3.2 种公兔的调教

3.2.1 调教年龄

达到正常配种年龄前 1 个月的后备公兔可开始人工采精调教，有自然交配配种经验的种公兔也可接受人工采精调教。

3.2.2 调教方法

将台兔放入公兔笼，诱导和训练公兔爬跨台兔，每次调教时间不超过 10 分钟，每周可调教 2 次～3 次。正式配种前 2 周～3 周可开始人工采精训练。

4 采精前的准备

4.1 采精公兔的准备

剪去阴茎周围的长毛，使公兔体表清洁卫生。

4.2 采精器件的准备

准备好清洁的集精瓶（杯）、烧杯、量筒等采精器件，保持适当的温度；假阴道保持 39.5℃～41℃，公兔将爬跨时，能迅速取出假阴道准备采精。

4.3 精液稀释液的准备

可用 5％葡萄糖、0.9％生理载水配制精液稀释液，也可配制复合稀释液，或购买商品稀释液。自配精液稀释液，每 100mL 稀释液应加入青霉素、链霉素各 10 万 IU。采精前应配置好所需量的精液稀释液，置于水浴锅中预热至 36℃～38℃。

4.4 精液质检设备的准备

使用显微镜检测的，检测倍数≥160 倍；准备好洁净的载玻片、盖玻片、量筒、玻璃棒、漏斗、纱布等。对显微镜载物台、精子密度测定仪等有测定温度要求的仪器设备进行控温性预热。

4.5 精液分装器件的准备

配备足够的精液瓶或集精袋等。

4.6 台兔的准备

以母兔作为台兔时，台兔应与公兔体重接近，性格温驯，四肢有力，健康无病；以兔模具作为台兔时，台兔应符合公兔的爬跨和射精要求，方便人工收集精液。

5 采精方法

5.1 采精

采精一般在公兔笼内进行。将采精台兔放入公兔笼内，左手保定好台兔，使其后躯朝向笼内；右手拿假阴道和套在假阴道上面的集精杯，伸到台兔腹下，其倾斜角度与公兔阴茎挺出角度一致。公兔阴茎进入假阴道后，在公兔向前挺时，假阴道应顺着公兔阴茎方向用力，采集精液，公兔抽动数秒后向前一挺，后蜷曲缩向一侧倒去，采精即完成，随后立即收回采精器，使采精器开口端向上，防止精液流出，然后取下集精器。

5.2 采精频率

成年公兔一般每天采精 1 次，连续采精 3 天～5 天应停采 1 天；或每天采精 2 次，连续采精 2 天应停采 1 天。公兔饲养的环境温度≥30℃时，应停止人工采精。

6 精液品质检查

6.1 感官检查

6.1.1 颜色

兔的精液一般呈乳白色，混浊且不透明，有的略带黄色，精子密度越大，色越白。如果精液出现黄色、红色、褐色，该精液不可用于人工授精。

6.1.2 气味

正常的精液无味或略带腥味，无臭味。带有腐败气味的精液不可用于人工授精。

6.2 仪器设备检查

6.2.1 射精量

指一次射出的精液体积，射精量一般以毫升（mL）为计量单位。

6.2.2 pH 检查

正常的精液 pH 接近中性，在 6.8～7.5。

6.2.3 精子的活力

指精液中呈直线前进运动的精子（又称有效精子）的比率，按 0.1～1.0 分为十级来评定。活力检查应在镜检小环境 35℃～37℃条件下进行（或在 18℃～25℃条件下快速检查），鲜精的活力≥0.6 方可用于人工授精。

6.2.4 精子的密度

精子密度（又称浓度）是精液稀释的依据。可用精子密度仪等仪器设备精确测定精子密度，实际生产中也可用显微镜检测精子密度。精液呈云雾状，不见单个精子，可确定为"密度高"；精液呈云雾状，可见单个精子，可确定为"密度中"；精液可见大量呈直线运动的精子，可确定为"密度低"。

6.3 记录

进行精液品质检查时，应填写公兔精液品质检查登记表（格式见表 A.1）。

7 精液的稀释、贮存和运输

7.1 精液稀释

7.1.1 精液稀释应在采精后的 30min 内进行。

7.1.2 稀释精液时，稀释液温度与精液温度以 30℃～35℃为宜，两者温差＜5℃。

7.1.3 精液稀释倍数应根据精子密度和精子活力检查结果来确定。采用仪器设备精确测定精子密度和活力的精液，稀释后有活力的精子数量应达到 0.5 亿个/mL～1.0 亿个/mL；使用显微镜检测精子密度和活力的精液，"密度高"的可稀释 11 倍～15 倍，"密度中"的可稀释 6 倍～9 倍，"密度低"的可稀释 2 倍～5 倍。

7.1.4 精液稀释应在无菌条件下进行，稀释时将稀释液沿杯壁缓慢倒入精液中慢慢摇匀。稀释 10 倍以上的精液应进行二次稀释，即将精液稀释 3 倍～5 倍混匀后，再进行第二次稀释，以达到稀释倍数要求。

7.1.5 精液稀释后，取样检查精子活力，合格的才可用于人工授精。

7.2 精液分装

建议精液现采、现配、现用；需要异地输精的应分装，分装后密封容器，贴上标签。

7.3 精液贮存

精液分装后，应避光贮存。低温保存法，即把精液保存在 2℃～5℃的容器中，精液温度应缓慢下降，以每分钟降温 0.5℃～1℃为宜，不可降温过快。常温保存法，即把精液保存在 16℃～18℃的恒温容器内。

7.4 精液运输

将分装的精液装入贮精容器等恒温器中运输，运输时防止受热、碰撞和剧烈震动，应尽量缩短运输时间。

8 输精

8.1 配种母兔

配种母兔应达到适配年龄或体重，健康无病。

8.2 输精方法

8.2.1 输精前，输精器械必须严格清洁消毒，输精枪应使用稀释液冲洗 2 次。

8.2.2 精液容器开启使用前，缓慢旋转容器，使精子分布均匀。

8.2.3 输精管紧贴精子容器壁，轻轻吸入输精需要量的精液。每只母兔每次输入精液的有效精子数≥0.2 亿个，或每只母兔每次输入稀释后的精液 0.4mL～0.6mL。

8.2.4 输精可由 1 人单独操作，也可 3 人一组（1 人抓母兔，1 人注射促排卵制剂，1 人输精）或 5 人一组（3 人抓母兔，1 人注射促排卵制剂，1 人输精）配合操作。1 人单独操作输精时，让母兔保持自然站立或伏卧，人工授精员一只手抓住母兔臀部，提起母兔尾部，使后肢离开支撑面，清理母兔外阴部，另一只手外翻母兔外阴，操作输精枪输表。输精管应由阴道壁的背面缓慢插入阴道，一般插入 7cm～10cm（应视母兔品种和体型大小调整插入深度）后，再将精液缓慢注入两子宫颈口附近。人工输精时，每只母兔用 1 支输精管。

8.2.5 输精结束后，轻拍母兔臀部，以防止精液倒流，再将母兔放入兔笼。

8.3 注射促排卵制剂

可为人工授精的母兔注射促排卵制剂，可在人工授精后立即注射促排卵制剂，也可在注射促排卵制剂后立即进行人工授精。

8.4 输精次数

母兔配种一般输精 1 次。若要进行二次输精，应在第一次输精后隔 6 小时左右，再进行第二次输精。

8.5 登记

输精完成后，填写母兔输精记录表（格式见表 B.1）。

8.6 器械处理

输精完成后，输精枪、输精套管等器械应清洗、消毒，干燥后备用。

9 管理制度

应明确人工授精岗位职责，制定种公兔卫生防疫和饲养管理、精液采集和检测、输精、仪器设备使用等的操作规程、管理制度和记录制度。

附　录　A
（规范性）
公兔精液品质检查登记表格式

表 A.1　公兔精液品质检查登记表

采精日期	公兔编号	采精员	采精量/mL	色泽	气味	pH	活力	精子密度/(亿个/mL)	稀释后总量/mL	份数/头	检验员	备注

附 录 B

（资料性）

母兔输精记录表格式

表 B.1 母兔输精记录表

配种日期	母兔号	胎次	第1次输精			第2次输精		预产期	输精员
			公兔号	输精时间	输精量/mL	输精时间	输精量/mL		

ICS 65.020.30
B 44

DB50

重 庆 市 地 方 标 准

DB50/T 942—2019

伊拉配套系祖代种兔种质评定

2019-09-10 发布

2019-12-01 实施

重 庆 市 市 场 监 督 管 理 局 发布

前　言

本文件按照 GB/T 1.1—2009《标准化工作导则　第 1 部分：标准的结构和编写》的规定起草。

本文件由重庆市农业农村委员会提出并归口。

本文件起草单位：重庆市畜牧技术推广总站、重庆市阿兴记食品有限公司、重庆市南川区畜牧兽医渔业局。

本文件主要起草人：张晶、荆战星、谭宏伟、程尚、尹华山、李晓波、吴平、景开旺、王永康、郑中福、沈代福。

伊拉配套系祖代种兔种质评定

1 范围

本文件规定了伊拉配套系祖代种兔的术语、品种标准、生产模式、种兔评定、种兔质量分级标准、鉴定规则和种兔出售。

本文件适用于伊拉配套系祖代种兔的品种鉴定、等级评定和祖代种兔出售。

2 规范性引用文件

下列文件对于本文件的应用是必不可少的。凡是注日期的引用文件，仅注日期的版本适用于本文件。凡是不注日期的引用文件，其最新版本（包括所有的修改单）适用于本文件。

DB50/59 重庆市动物产地检疫技术规范

3 术语和定义

下列术语和定义适用于本文件。

3.1

伊拉配套系祖代种兔 Hyla rabbits of progenitor

伊拉兔配套系是法国欧洲兔业公司在20世纪70年代末培育的杂交配套系，由9个原始品种经不同杂交组合和选育出的A、B、C、D 4个系组成。伊拉配套系曾祖代A系、C系纯种繁殖生产F_1代，选优质公兔分别作为A系、C系祖代种兔；伊拉配套系曾祖代B系、D系纯种繁殖生产F_1代，选优质母兔分别作为B系、D系祖代种兔。祖代A系与B系的鼻端、耳端、尾部和四肢等8个部位为黑色，其他部位应为白色。

3.2

受胎率 conception rate

在同一个发情期内，配种母兔通过妊娠检查，妊娠母兔数量占参加配种母兔数量的百分比（％）。

3.3

胎产仔数 litter size

母兔一胎所产仔兔总数，包括畸形和死仔。

3.4

初生窝重 birth weight

母兔产后12h内全窝活仔兔的重量。

3.5

泌乳力 milk production

母兔产后21日龄时所带仔兔的窝重，包括该母兔代养的仔兔。

3.6

断奶仔兔数 number of weaned litter

母兔在一个哺乳期内断奶时所带活仔兔的总数，包括寄养仔兔数。

3.7

断奶仔兔成活率 the survival rate of weaned rabbits

仔兔断奶时的数量占母兔产仔后带养仔兔数量的百分比（％）。

4 品种标准

4.1 品种特性

伊拉配套系祖代种兔适应性和抗病力较强，性情温顺，易于饲养，早期生长发育快，对饲养条件要求高，不耐粗饲。具有饲料报酬高、屠宰率高的特性。

4.2 外貌特征

伊拉配套系兔祖代由 A、B、C、D 4 个系组成。眼睛粉红色，头宽圆而粗短，耳直立，臀部丰满，腰肋部肌肉发达，四肢粗壮有力。A 系除耳、鼻、肢端和尾部是黑色外，全身白色；B 系除耳、鼻、肢端和尾部是黑色外，全身白色；C 系、D 系兔全身白色。

4.3 生产性能

4.3.1 生长发育

在全封闭的饲养条件下，初生个体重可达 50g 以上，35 日龄断奶体重 700g 以上，60 日龄体重可达 1.7kg 左右，75 日龄体重可达 1.9kg 以上。

4.3.2 繁殖性能

祖代种兔初配日龄为 154 日龄～175 日龄，平均每胎产活仔数 7 只～9 只，年产 5 胎～7 胎，每年可提供 35 只以上父母代种兔。

5 生产模式

5.1 伊拉配套系四系杂交模式

伊拉配套系四系杂交模式见图1。

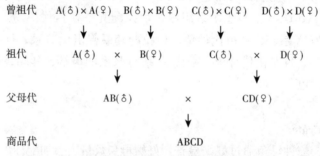

图1 伊拉配套系四系杂交模式

5.2 饲养管理

兔场严格按照法国欧洲兔业公司对伊拉配套系曾祖代和祖代的饲养管理要求和营养标准生产祖代种兔。

6 种兔评定

6.1 评定原则

采用最优化配套杂交模式生产的，具有高度专门化方向的杂交种兔，专门用于生产伊拉配套系祖代种兔。

6.2 种兔必备条件

6.2.1 祖代公兔（A系和C系）标准

6.2.1.1 眼球圆睁，明亮有神，无眼泪，无眼屎。

6.2.1.2 两耳直立，大小适中，无耳螨等疾病。

6.2.1.3 背部宽且直，无驼背或背腰下陷、狭窄状况。

6.2.1.4 四肢健壮有力，无脚癣、脚皮炎、八字脚。

6.2.1.5 公兔睾丸发育好，大小一致，无隐睾，翻出阴茎呈弯钩状。

6.2.2 祖代母兔（B 系和 D 系）标准

6.2.2.1 眼球圆睁，明亮有神，无眼泪，无眼屎。

6.2.2.2 两耳直立，大小适中，无耳螨等疾病。

6.2.2.3 背部宽且直，无驼背或背腰下陷、狭窄状况。

6.2.2.4 四肢健壮有力，无脚癣、脚皮炎、八字脚。

6.2.2.5 母兔有效乳头 4 对以上，排列对称。

6.2.2.6 母兔生殖器发育正常，不渗出液，无畸形，否则不作种用。

6.2.2.7 祖代种公兔和母兔鼻腔干净，无黏液，无异物，兔齿无龅牙或畸形齿。

6.3 选种程序

6.3.1 35 日龄断奶时初选。

6.3.2 60 日龄第二次筛选。

6.3.3 75 日龄精选，合格的兔才可作种兔对外销售。

7 种兔质量分级标准

种兔质量等级指标见表 1。

表 1 伊拉祖代配套系种兔等级标准

性别	等级	35 日龄			60 日龄			75 日龄		
		体重/g	体尺/cm		体重	体尺/cm		体重/g	体尺/cm	
			体长	胸围		体长	胸围		体长	胸围
公兔（A）	一	>960	>28	>18	>1 800	>39	>22	>2 400	>47	>33
	二	850～960	26～28	16～18	1 700～1 800	37～39	19～22	1 980～2 400	43～47	26～33
母兔（B）	一	>910	>28	>18	>1 780	>39	>23	>2 400	>47	>33
	二	800～910	21～28	15～18	1 650～1 780	37～39	17～23	2 200～2 400	44～47	27～33
公兔（C）	一	>890	>27	>17	>1 750	>38	>21	>2350	>45	>32
	二	700～890	24～27	14～17	1 600～1 750	36～38	16～21	2 240～2 350	43～45	26～32
母兔（D）	一	>920	>28	>18	>1750	>39	>22	>2400	>48	>33
	二	710～920	25～28	15～18	1 650～1 750	36～39	17～22	1 950～2 400	43～48	26～33

8 鉴定规则

8.1 伊拉配套系祖代根据本文件要求鉴定。

8.2 伊拉配套系祖代实行综合鉴定，根据外貌、体重、体尺、繁殖性能综合评定。鉴定 75 日龄种母兔时，根据外貌、体重、体尺综合评定（详见附录 A）。

8.3 伊拉配套系祖代鉴定阶段划分为：35 日龄、60 日龄、75 日龄 3 个阶段。

8.4 未达到二级标准的伊拉配套系祖代为等外级，不应作为种用。

9 兔出售或留种

向外出售的种兔应在 75 日龄以上，且依据其分级标准，种兔≥二级，健康无病并附有种畜合格证。符合 DB50/59 和《中华人民共和国畜牧法》的要求。

附 录 A

（规范性）

体重、体尺的测定方法

A.1 测量用具

A.1.1 测量体重用台秤。

A.1.2 测量体尺用直尺或软尺。

A.1.3 测量胸围用软尺。

A.2 测量部位

A.2.1 体重

在早晨空腹时进行，使用以千克（kg）为计量单位的台秤或杆秤称重。

A.2.2 体尺

用直尺或软尺测量兔在自然姿势下的鼻端至尾根（坐骨端）的水平直线长度，精确到 0.1cm。

A.2.3 胸围

用软尺测定兔在自然姿势下的肩胛后缘胸廓处的周长，精确到 0.1cm。

ICS 65.020.30
B 44

DB50

重 庆 市 地 方 标 准

DB50/T 943—2019

伊拉配套系父母代种兔种质评定

2019-09-10 发布

2019-12-01 实施

重 庆 市 市 场 监 督 管 理 局 发布

前　言

本文件按照 GB/T 1.1—2009《标准化工作导则　第 1 部分：标准的结构和编写》的规定起草。

本文件由重庆市农业农村委员会提出并归口。

本文件起草单位：重庆市畜牧技术推广总站、重庆市阿兴记食品有限公司、重庆市南川区畜牧兽医渔业局。

本文件主要起草人：荆战星、张晶、谭宏伟、程尚、尹华山、李晓波、吴平、景开旺、王永康、郑中福、沈代福。

伊拉配套系父母代种兔种质评定

1 范围

本文件规定了伊拉配套系父母代种兔的术语和定义、品种标准、生产模式、种兔评定、种兔质量分级标准、鉴定规则和种兔出售。

本文件适用于伊拉配套系父母代种兔的品种鉴定、等级评定和种兔出售。

2 规范性引用文件

下列文件对于本文件的应用是必不可少的。凡是注日期的引用文件，仅注日期的版本适用于本文件。凡是不注日期的引用文件，其最新版本（包括所有的修改单）适用于本文件。

DB50/59 重庆市动物产地检疫技术规范

3 术语和定义

下列术语和定义适用于本文件。

3.1

伊拉配套系父母代种兔 Hyla rabbits of parental

伊拉兔配套系是法国欧洲兔业公司在20世纪70年代末培育的杂交配套系，由9个原始品种经不同杂交组合选育筛选出的A、B、C、D 4个系组成。用伊拉配套系祖代A系（♂）与祖代B系（♀）繁殖生产配套系父母代公兔，用伊拉配套系祖代C系（♂）与祖代D系（♀）繁殖生产配套系父母代母兔。

3.2

受胎率 conception rate

在同一个发情期内，配种母兔通过妊娠检查，妊娠母兔数量占参加配种母兔数量的百分比（%）。

3.3

胎产仔数 litter size

母兔一胎所产仔兔数，包括畸形和死仔。

3.4

胎产活仔数 number born alive

母兔产后12h内活的仔兔数。

3.5

初生窝重 birth weight

母兔产后12h内全窝活仔数的重量。

3.6

泌乳力 milk production

母兔产后21日龄时所带仔兔的窝重；包括该母兔代养的仔兔。

3.7

断奶仔兔数 number of weaned litters

母兔在一个哺乳期内断奶时所带活仔兔的总数，包括寄养仔兔数。

3.8

八点黑 eight o'clock black

兔除耳、鼻、肢端和尾部是黑色外，全身白色，简称"八点黑"。

4 品种标准

4.1 品种特性

伊拉配套系适应性和抗病力较强，性情温顺，易于饲养，早期生长发育快。父母代公兔生长速度快，饲料报酬高，屠宰率高；父母代母兔胎产仔数高，泌乳力强，3月龄前具有较好的增重能力。

4.2 外貌特征

眼睛粉红色，头宽圆而粗短，耳直立、臀部丰满，腰肋部肌肉发达，四肢粗壮有力。伊拉配套系父母代公兔除耳、鼻、肢端和尾部是黑色外，全身白色，简称"八点黑"；伊拉配套系父母代母兔全身白色。

4.3 生产性能

4.3.1 生长发育

在全封闭的饲养条件下，初生个体重可达60g以上，35日龄断奶个体重750g以上，60日龄1.8kg左右，75日龄体重可达2.3kg以上。

4.3.2 繁殖性能

初配日龄为154d～175d，平均每胎产活仔数8只～12只，年产6胎～8胎，每年可提供40只以上商品兔。

4.3.3 屠宰性能

正常饲养条件下，70日龄半净膛屠宰率为58％～60％。

5 生产模式

5.1 伊拉配套系四系杂交模式（见图1）

伊拉配套系四系杂交模式见图1。

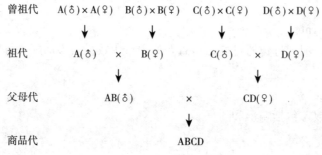

图1 伊拉配套系四系杂交模式

5.2 饲养管理

兔场严格按照法国欧洲兔业公司要求的管理方式和营养标准，采用人工授精、全价颗粒饲料，按照全进全出饲养、程序化免疫等规范程序饲养管理。

6 种兔评定

6.1 评定原则

应选择血统来源清楚、系谱记录齐全、符合伊拉配套系父母代品种特征的种兔。父母代种兔专门用于生产商品兔，其后代不能作为种用。

6.2 选种标准

种兔健康状况良好，发育正常，肌肉发达，中等膘度。公兔被毛除"八点黑"外，其余白色；母兔全身被毛纯白色。

6.2.1 父母代公兔（AB系）种兔标准

6.2.1.1 眼睛圆睁，明亮有神，无眼泪，无眼屎。

6.2.1.2 两耳直立，大小适中，无耳螨等疾病。

6.2.1.3 鼻腔干净，无黏液，无异物，兔齿无龅牙或畸形齿。

6.2.1.4 背部宽且直，无驼背或背腰下陷、狭窄状况。

6.2.1.5 四肢健壮有力，无脚癣、脚皮炎、八字脚。

6.2.1.6 公兔睾丸发育好，大小一致，无隐睾，翻出阴茎呈弯钩状。

6.2.2 父母代母兔（CD系）种兔标准

6.2.2.1 眼睛圆润，明亮有神，无眼泪，无眼屎。

6.2.2.2 两耳直立，大小适中，无耳螨等疾病。

6.2.2.3 鼻腔干净，无黏液，无异物，兔齿无龅牙或畸形齿。

6.2.2.4 背部宽且直，无驼背或背腰下陷、狭窄状况。

6.2.2.5 四肢健壮有力，无脚癣、脚皮炎、八字脚。

6.2.2.6 母兔有效乳头 4 对以上，排列对称。

6.2.2.7 母兔生殖器发育正常，不渗出液，无畸形。

6.3 选种程序

6.3.1 35 日龄断奶时初选。

6.3.2 60 日龄时复选。

6.3.3 75 日龄精选，合格的种兔才可对外销售。

7 种兔质量分级标准

种兔质量等级指标要求见表1。

表 1 伊拉配套系父母代种兔等级标准

性别	等级	35 日龄			60 日龄			75 日龄		
		体重/g	体尺/cm		体重/g	体尺/cm		体重/g	体尺/cm	
			体长	胸围		体长	胸围		体长	胸围
公兔（AB）	一	>1 100	>30	>22	>1 850	>40	>31	>2 700	>43	>34
	二	1 050～1 100	27～30	18～22	1 650～1 850	37～40	28～31	2 500～2 700	39～43	31～34
母兔（CD）	一	>980	>28	>20	>1 600	>38	>26	>2 500	>45	>29
	二	860～980	25～28	16～20	1 450～1 600	34～38	23～26	2 300～2 500	41～45	26～29

8 鉴定规则

8.1 根据本文件要求，自行组织鉴定小组开展伊拉配套系父母代鉴定工作。

8.2 伊拉配套系父母代根据外貌、体重、体长、胸围综合评定（详见附录A）。

8.3 种兔鉴定阶段划分为：35 日龄、60 日龄、75 日龄 3 个阶段。

8.4 未达到二级标准的伊拉配套系父母代为等外级，不应作为种用。

9 种兔出售

向外出售的种母兔应在 75 日龄以上，且依据种兔质量分级标准，种母兔≥二级，种公兔最好大于等于一级，健康无病并附有种畜禽合格证。符合 DB50/59 和《中华人民共和国畜牧法》的要求。

附 录 A

（规范性）

体重、体尺的测定方法

A.1 测量用具

A.1.1 测量体重用台秤。

A.1.2 测量体尺用直尺或软尺。

A.1.3 测量胸围用软尺。

A.2 测量部位

A.2.1 **体重**

在早晨空腹时进行，使用以千克（kg）为计量单位的台秤或杆秤称重。

A.2.2 **体尺**

用直尺或软尺测量兔在自然姿势下的鼻端至尾根（坐骨端）的水平直线长度，精确到0.1cm。

A.2.3 **胸围**

用软尺测定兔在自然姿势下的肩胛后缘胸廓处的周长，精确度到0.1cm。

ICS 65.020.30
B 44

DB50

重 庆 市 地 方 标 准

DB50/T 1012—2020

肉兔家庭农场养殖技术规范

2020-06-22 发布
2020-09-22 实施

重庆市市场监督管理局 发布

前　言

本文件按照 GB/T 1.1—2009《标准化工作导则　第 1 部分：标准的结构和编号》的规定起草。

本文件由重庆市农业农村委员会提出并归口。

本文件起草单位：重庆市畜牧技术推广总站、重庆市璧山区养殖业技术服务中心、重庆市武隆区畜牧发展中心。

本文件主要起草人：张晶、谭宏伟、吴世芬、程尚、任远志、景开旺、王永康。

肉兔家庭农场养殖技术规范

1 范围

本文件规定了肉兔家庭农场养殖的术语和定义、兔场建设、品种选择、生产模式、饲养管理、疾病预防、废弃物处理与利用、养殖档案管理等内容。

本文件适用于饲养 300 只～500 只种母兔，年出栏 10 000 只～20 000 只商品兔的肉兔家庭农场。

2 规范性引用文件

下列文件对于本文件的应用是必不可少的。凡是注日期的引用文件，仅注日期的版本适用于本文件。凡是不注日期的引用文件，其最新版本（包括所有的修改单）适用于本文件。

GB/T 17239   鲜、冻兔肉

GB 18596   畜禽养殖业污染物排放标准

NY/T 2774   种兔场建设标准

NY/T 5133   无公害食品   肉兔饲养管理准则

DB50/T 390   肉兔生产技术规范

DB50/T 739   家兔人工授精技术规范

3 术语和定义

下列术语和定义适用于本文件。

3.1

肉兔 49 天繁殖模式   49-day breeding pattern of meat rabbit

母兔上一次配种与下一次配种间隔 49d 的一种繁殖方式。

3.2

仔兔   baby rabbit

在出生到断奶这一段时间内的兔。

3.3

幼兔   young rabbit

在断奶到 90 日龄这一段时间内的兔。

3.4

全价颗粒饲料   full-price pellet feed

营养完全的配合颗粒饲料，该饲料营养物质种类齐全、数量充足、比例恰当，能满足肉兔生产需要。

4 兔场建设

4.1 兔场选址

应符合 DB50/T 390 的相关要求。

4.2 兔场布局

应符合 DB50/T 390 的相关要求。

4.3 兔舍设计

新建家庭农场兔舍宜采用半开放式或全封闭式结构，建设规格应因地制宜。可参照规格：长

33.0m，宽7.5m，高3.0m；每栋面积约250m²。宜修建2栋，便于实施全进全出生产。

4.4 兔舍建造

兔舍朝向以利通风又能避暑为宜。兔舍宜采用彩钢结构或者砖混结构。兔舍间距宜为8m～10m。符合NY/T 2774的相关要求。

4.5 设施与设备

4.5.1 兔笼

宜选用热镀锌品型母仔兔笼或以其他防锈、防腐蚀性能好的材质制作的品型母仔兔笼。

4.5.2 喂料及饮水

宜配备人工加喂料设备，使用重垂式饮水器等自动饮水设备。

4.5.3 清粪

宜采用水冲清粪、刮粪板清粪或传送带清粪等清粪设备和清粪工艺。

4.5.4 环控设备

应安装由湿帘、负压风机通风及智能环境控制器等组成的环控系统。

4.5.5 粪污处理设施

应修建沼气池、堆粪房、雨污分流沟（管）等粪污处理和粪污资源化利用的设施与设备。

4.5.6 病死兔处理设施

应配备相应规模的病死兔无害化处理设施与设备。

5 品种选择

5.1 选种

宜选择伊拉配套系、伊普吕配套系等优质父母代种兔。

5.2 引种

从具有种畜禽生产经营许可证的种兔场引进种兔，应符合《中华人民共和国动物防疫法》的要求。

新引进的种兔应在隔离区饲养1个月，确认健康后方可入群饲养。

6 生产模式

采用肉兔49d繁殖模式。母兔产仔后第18d实施人工授精配种；怀孕29d～31d产仔；母兔产仔后第18d，又进入下一轮配种、怀孕、产仔。

兔人工授精操作应符合DB50/T 739的相关要求。

7 饲养管理

7.1 种公兔

7.1.1 种公兔与种母兔按1：20配备。

7.1.2 单笼饲养，保持中等体况。

7.1.3 每只每天饲喂全价颗粒饲料140g～175g。

7.1.4 后备公兔6月龄～7月龄可初配。

7.1.5 种公兔使用年限一般为18月～24月，及时淘汰生产性能差及病残的种公兔，应保持足量强健的核心种公兔群，应每年引进约50%的种公兔补充核心种公兔群。

7.2 种母兔

7.2.1 单笼饲养，保持中等体况。

7.2.2 后备母兔初配时间为5月龄～5.5月龄，配种宜在早晨或晚上喂料1h后进行。

7.2.3 配种后8d～12d，应及时摸胎判断是否妊娠，未妊娠的应纳入下一批，及时补配。

7.2.4 随着妊娠日龄增加，逐渐增加全价颗粒饲料喂量，也可自由采食。

7.2.5 妊娠期间不随意捉兔，确需捉兔时应轻捉轻放。

7.2.6 妊娠28d后做好分娩的各项准备工作。应铺窝接产。

7.2.7 种母兔使用年限一般为18月～24月。

7.3 仔兔

7.3.1 实行母仔连笼饲养，定时哺乳。

7.3.2 仔兔18日龄开始补料，逐渐过渡到以饲料为主、母乳为辅。

7.3.3 仔兔哺乳到35日龄断奶。

7.4 幼兔

7.4.1 断奶幼兔就近分笼饲养，每笼4只～5只。

7.4.2 断奶后3d为适应期，宜限制饲料喂量，每天饲料喂量为体重的5%～7%。第4d，每只兔增加饲料10g，以后每隔3d每只兔增加10g饲料，直至每只兔每天的饲喂量达到150g，保持这个饲喂量至出栏。

7.5 兽药管理

应严格限制用药，严格执行休药期管理规定，确保兔肉符合GB/T 17239的要求。

8 疾病防控

8.1 兔舍的清洁

转入兔前彻底清洁、消毒兔舍，要求无兔毛、兔粪和灰尘。应符合DB50/T 390的要求。

8.2 兔场消毒

8.2.1 兔场入口消毒

应设置阻隔，入场的人员、车辆必须消毒，车辆消毒池内要常备足量的保持有效浓度的消毒药液，入场人员可在消毒室内用消毒液高压喷雾法、紫外线照射法等方式消毒。

8.2.2 场内器具消毒

公用笼箱、饲料车、装运兔工具等，应定期消毒或在使用前消毒。

8.2.3 场地消毒

在清扫的基础上，用消毒剂为地面、墙壁、围栏、粪池口及污水沟消毒。

8.3 兔舍消毒

8.3.1 兔舍进口消毒

携带入舍的器具和设备消毒后方可入舍。

8.3.2 兔笼消毒

应先将污物除去，用水冲洗干净，干燥后再使用消毒剂、火焰等消毒。

8.3.3 饮水管的消毒

空舍内，进兔前2d在饮水管中加入饮水消毒液，放置1d，然后放掉消毒液，再用清水冲洗5min，方可为兔供饮水。

8.4 疾病监测

定期监测当地发生过的或兔场发生过的重点疾病。

8.5 免疫程序

8.5.1 商品肉兔免疫宜按表1程序进行。

表 1 商品肉兔的免疫程序

日龄	疫苗	方法及剂量
35～40	兔病毒性出血症灭活疫苗/兔病毒性出血症、多杀性巴氏杆菌病二联灭活疫苗	颈部皮下注射，1mL/只

8.5.2 种兔免疫程序宜按表 2 程序进行。

表 2 种兔的免疫程序

时间	疫苗	方法及剂量
35 日龄～40 日龄	兔病毒性出血症、多杀性巴氏杆菌病二联灭活疫苗	颈部皮下注射，1mL/只
60 日龄～65 日龄	兔病毒性出血症、多杀性巴氏杆菌病二联灭活疫苗	颈部皮下注射，2 mL/只
间隔 4 个月	兔病毒性出血症、多杀性巴氏杆菌病二联灭活疫苗	颈部皮下注射，2mL/只

注：如发生过魏氏梭菌病的兔场，应增加魏氏梭菌免疫。

8.5.3 根据兔场发病情况与周边疫情实际，合理选择疫苗，调整免疫程序。

9 废弃物处理与利用

9.1 废弃物处理

兔场废弃物的排放应符合 GB 18596 的要求。病死兔处理应符合农业农村部《病死及病害动物无害化处理技术规范》的要求。

9.2 废弃物利用

干粪经堆积发酵处理，尿液经沼气池处理后资源化利用。

10 养殖档案管理

应按照《畜禽标识和养殖档案管理办法》（2006 年农业部令第 67 号）的规定建立生产记录档案，做好生产、投入品使用、疫病防治、出场销售等记录，并符合 NY/T 5133 的要求。

ICS 65.020.30
CCS B 40

DB50

重 庆 市 地 方 标 准

DB50/T 1063—2020

肉兔育肥效果评价指南

2020-11-01 发布　　　　　　　　　　　　2021-02-01 实施

重 庆 市 市 场 监 督 管 理 局　发布

前　言

本文件按照 GB/T 1.1—2009《标准化工作导则　第 1 部分：标准的结构和编写》的规定起草。

本文件由西南大学提出。

本文件由重庆市农业农村委员会归口。

本文件起草单位：西南大学。

本文件主要起草人员：吕景智、李洪军、贺稚非、范成莉、沈代福、张翥。

肉兔育肥效果评价指南

1 范围

本文件规定了肉兔育肥效果评价指南的术语和定义，肉兔育肥性能、屠宰性能、兔肉品质评价、效果评价等的技术要求。

本文件适用于肉兔养殖场（户）、屠宰场、食品加工企业和科研院所。

2 规范性引用文件

下列文件对于本文件的应用是必不可少的。凡是注日期的引用文件，仅注日期的版本适用于本文件。凡是不注日期的引用文件，其最新版本（包括所有的修改单）适用于本文件。

GB 5009.3 食品安全国家标准 食品中水分的测定

GB 5009.4 食品安全国家标准 食品中灰分的测定

GB 5009.5 食品安全国家标准 食品中蛋白质的测定

GB 5009.6 食品安全国家标准 食品中脂肪的测定

3 术语和定义

下列术语和定义适用于本文件。

3.1

半净膛重 semi-eviscerated weight

放血，去皮，去头、尾、前肢（腕关节以下）、后肢（跗关节以下），剥除气管、食道、胃、肠、脾、胰、胆和生殖器官，留下心脏、肝脏、肺、肾、腹脂的重量。

3.2

全净膛重 eviscerated weight

半净膛重减去心、肝、肾、肺和腹脂的重量。

3.3

消化道 total digestive tract

包括食道、胃、小肠和大肠。

3.4

肌肉 pH muscle pH value

兔屠宰后一定时间内肌肉的酸碱度。

3.5

肉色 meat color

肌肉横截面颜色的鲜亮程度。

3.6

系水力 water-holding capacity

离体肌肉保持含水的能力。

3.7

剪切力 shearing force

肉品内部结构的反映，用来表达肌肉的嫩度。

4 肉兔育肥性能

4.1 日增重

$$日增重＝（出栏体重－断奶体重）/育肥天数 \cdots\cdots\cdots\cdots（1）$$

4.2 料肉比

$$料肉比＝日采食量/日增重 \cdots\cdots\cdots\cdots（2）$$

5 屠宰性能

5.1 全净膛率

$$全净膛率＝全净膛重/宰前活重×100\% \cdots\cdots\cdots\cdots（3）$$

5.2 半净膛率

$$半净膛率＝半净膛重/宰前活重×100\% \cdots\cdots\cdots\cdots（4）$$

5.3 满消化道率

$$满消化道率＝未去除内容物的消化道重量/宰前活重×100\% \cdots\cdots\cdots\cdots（5）$$

5.4 空消化道率

$$空消化道率＝去除内容物的消化道重量/宰前活重×100\% \cdots\cdots\cdots\cdots（6）$$

6 兔肉品质

6.1 食用品质指标

6.1.1 肌肉 pH

肉兔宰后 45 min 或在 4℃条件下保存 24h，将 0.5g 背最长肌放入离心管，加入 10 倍体积的生理盐水匀浆，匀浆后用酸碱度计测定的 pH。也可用便携式 pH 测定仪直接测定。

6.1.2 肉色

肉兔宰后 45 min 或在 4℃条件下保存 24h，将背最长肌分割成厚度为 2cm 的肉样，静置 30min，用色差仪测定样品色泽。每个肉样平行测定 3 次以上，结果取平均值。

6.1.3 系水力

取屠宰后在 4℃条件下保存 24h 的肉样，称取 10g 样品放入离心管，在 8 000 r/min 条件下离心 30 min 后取出，用滤纸吸取表面水分后称重（精确到小数点后两位），每个样品平行测定 3 次以上，求平均值，计算失水率。用失水率代表系水力。

$$失水率＝（离心前肉样重量－离心后肉样重量）/离心前肉样重量×100\% \cdots\cdots\cdots\cdots（7）$$

6.1.4 熟肉率

将背最长肌完整取出，沿垂直于肌纤维的方向截取长度在 5cm 以上的肉块，在 4℃条件下保存 24h，称重（精确到小数点后两位），装入自封袋中，放在 80℃水浴锅中蒸煮至肉样的中心温度达到 70℃，取出冷却至室温，用滤纸吸去表面水分后称重，每个样品平行测定 3 次以上，求平均值。

$$熟肉率＝蒸煮后的重量/蒸煮前的重量×100\% \cdots\cdots\cdots\cdots（8）$$

6.1.5 剪切力

将测完背最长肌熟肉率的样品沿肌纤维方向切割成 1cm×1cm 的肉柱（长度至少为 2cm），测定其剪切力，每个样品测定 3 次以上，求平均值。

6.2 营养成分指标

6.2.1 水分含量的测定

按 GB 5009.3 的规定执行。

6.2.2 蛋白质含量的测定

按 GB 5009.5 的规定执行。

6.2.3 脂肪含量的测定

按 GB 5009.6 的规定执行。

6.2.4 灰分的测定

按 GB 5009.4 的规定执行。

7 效果评价

根据不同场合和不同目的确定评价指标。养殖场（户）可根据育肥性能和屠宰性能评价肉兔育肥效果；食品加工企业可根据屠宰性能、兔肉品质评价肉兔育肥效果；科研院所可根据育肥性能、屠宰性能和兔肉品质综合评定育肥效果。

———————

ICS 65.020.30
CCS B 43

DB50

重 庆 市 地 方 标 准

DB50/T 1212—2022

肉兔种场建设规范

2022-03-25 发布　　　　　　　　　　　　2022-07-01 实施

重庆市市场监督管理局　发布

前　言

本文件按照 GB/T 1.1—2020《标准化工作导则　第 1 部分：标准化文件的结构和起草规则》的规定起草。

请注意本文件的某些内容可能涉及专利。本文件的发布机构不承担识别专利的责任。

本文件由重庆市农业农村委员会提出并归口。

本文件起草单位：重庆市畜牧技术推广总站、石柱土家族自治县畜牧产业发展中心。

本文件主要起草人：张晶、谭宏伟、贺德华、陈红跃、王永康、景开旺、荆战星、谭千洪、朱燕、赖鑫、廖洪荣。

肉兔种场建设规范

1 范围

本文件规定了肉兔种场建设选址与布局、基础设施、设备、建筑、引种、免疫防疫、兔场管理、废弃物处理与利用、养殖档案管理。

本文件适用于存栏 300 只以上的肉兔种场建设。

2 规范性引用文件

下列文件中的内容通过文中的规范性引用而构成本文件必不可少的条款。其中，注日期的引用文件，仅该日期对应的版本适用于本文件；不注日期的引用文件，其最新版本（包括所有的修改单）适用于本文件。

GB 5749　生活饮用水卫生标准

GB 50052　供配电系统设计规范

NY/T 473　绿色食品　畜禽卫生防疫准则

NY/T 2774　种兔场建设标准

DB50/T 1012　肉兔家庭农场养殖技术规范

3 术语和定义

本文件没有需要界定的术语和定义。

4 选址与布局

应符合 NY/T 2774 的要求。

5 基础设施

5.1 生产设施

应配有种公兔舍、种母兔舍、后备种兔舍、幼兔舍、人工授精室、饲料储存室等。

5.2 生活管理设施

应建有宿舍、办公楼、食堂、监控室、变配电室、消防设施等。

5.3 防疫设施

应建有人员消毒室、车辆消毒池、隔离兔舍、病死兔无害化处理设施等。

5.4 粪污处理设施

应建有粪便发酵、污水处理与利用等设施。

6 设备

应配备喂料、饮水、清粪、环境控制和兔笼等设备。

7 建筑要求

7.1 兔舍

应符合 NY/T 2774 的要求。

7.2 给水和排水

7.2.1　肉兔种场用水水质应符合 GB 5749 的要求。

7.2.2 生活及管理等建筑设施的给水和排水工程按工业与民用建筑的有关规定执行。

7.2.3 排水应采用清污分流制，雨水用明沟排放，污水用暗管排入污水处理设施。

7.3 通风

7.3.1 兔舍应制定夏季降温、冬季防寒通风的措施。

7.3.2 兔舍宜自然通风或使用机械通风。

7.4 供电

7.4.1 应设有变配电室，并配置应急自备电源。

7.4.2 兔舍以自然采光为主，人工照明为辅，有条件的可使用全封闭式人工补充光源；供电系统的设计应符合 GB 50052 的要求。

8 引种要求

8.1 应从无规定动物疫病区域的具有种畜禽生产经营许可证、动物防疫条件合格证的肉兔种场引进。

8.2 应是经国家审定或从国外引进的肉兔品种或配套系。

8.3 应附有完整的系谱资料、种畜禽合格证及动物检疫合格证等证明材料。

8.4 引种的规模及血缘要求宜参照表1。

表 1　肉兔种场建设规模及血缘要求

项目名称	类型			
	规模一	规模二	规模三	规模四
种母兔/只	300～1 000	1 000～2 000	2 000～3 000	3 000～5 000
种公兔/只	30～100	100～200	200～300	300～500
后备母兔/只	250～500	500～1 000	1 000～1 500	1 500～2 500
后备公兔/只	25～50	50～100	100～150	150～250
公兔血缘/个	≥25	≥50	≥100	≥150

8.5 国内引种，种兔到场后，应隔离观察15d～30d，并检测合格。

8.6 国外引种，种兔到场后，应隔离观察应大于30d，并检测合格。

9 防疫要求

9.1 参照 DB50/T 1012 中的种兔免疫程序。

9.2 应符合 NY/T 473 的相关要求。

10 兔场管理

10.1 应配备具有畜牧兽医相关专业中专以上学历技术人员 2 名以上。

10.2 兔场管理劳动定额宜按照表2执行。

表 2　肉兔种场劳动定额及生产消耗指标

项目名称	类型			
	规模一	规模二	规模三	规模四
种母兔存栏数量/只	300～1 000	1 000～2 000	2 000～3 000	3 000～5 000
劳动定员/人	5～8	8～12	12～16	16～20

表 2（续）

项目名称	类型			
	规模一	规模二	规模三	规模四
劳动生产率/（只/人）	60～80	80～100	100～120	120～150
用水量/（m³/只·d）	0.002～0.005			
用电量/［kW·h/（只·d）］	0.03～0.05			
全价颗粒饲料用量/［kg/（只·d）］	0.15～0.8			

11 废弃物处理与利用

应符合 DB50/T 1012 的要求。

12 养殖档案管理

应建立系谱档案，建立肉兔、种兔配种，繁殖，生产记录档案，做好生产、投入品使用、疫病防治、种兔销售及无害化处理等记录。

八、蜂

（7个）

ICS 65.140
B 47

DB50

重 庆 市 地 方 标 准

DB50/T 940—2019

中蜂种蜂场建设规程

2019-09-10 发布

2019-12-01 实施

重庆市市场监督管理局 发布

前　言

本文件按照 GB/T 1.1—2009《标准化工作导则　第 1 部分：标准的结构和编写》的规定起草。

本文件由重庆市农业农村委员会提出并归口。

本文件起草单位：重庆市畜牧技术推广总站。

本文件主要起草人：谭宏伟、程尚、荆战星、张晶、尹华山、李晓波、景开旺、王永康。

中蜂种蜂场建设规程

1 范围

本文件规定了中蜂种蜂场建设的术语和定义、选址与布局、设施与设备、品种及规模、种蜂王质量、人员与管理等内容。

本文件适用于重庆市内新建、改建或扩建的中蜂种蜂场。

2 规范性引用文件

下列文件对于本文件的应用是必不可少的。凡是注日期的引用文件，仅注日期的版本适用于本文件。凡是不注日期的引用文件，其最新版本（包括所有的修改单）适用于本文件。

GB 3095   环境空气质量标准

NY/T 1159   中华蜜蜂种蜂王

NY 5027   无公害食品   畜禽饮用水水质

3 术语和定义

下列术语和定义适用于本文件。

3.1

中蜂   Chinese honeybee

全称中华蜜蜂，俗称土蜂，是原产于我国的优良蜂种，东方蜜蜂的指名亚种。

3.2

种蜂场   breeding apiary

从事蜜蜂的品种（品系）培育、选育、提纯复壮和生产经营的蜂场。

3.3

主要蜜粉源植物   main nectar plant，main pollen plant

数量多、分布广、面积大、花期长、蜜粉丰富，能生产商品蜂蜜或蜂花粉的植物。

3.4

辅助蜜粉源植物   subordinate nectar plant，subordinate pollen plant

能分泌花蜜或产生花粉并被蜜蜂采集利用，主要用于维持蜜蜂生活和促进蜂群繁殖的植物。

3.5

有毒蜜粉源植物   poisonous nectar plant，poisonous pollen plant

分泌的花蜜或产生的花粉会导致蜜蜂或人畜中毒的蜜粉源植物。

3.6

隔离交尾区   isolation mating zone

供处女王婚飞与种用雄蜂交尾的区域。

3.7

种蜂王   bred queen

优良性状能够稳定遗传，由受精卵发育而成，生殖器官发育完全的经过交尾可产卵的雌性蜜蜂。

4 选址

4.1   选址应符合相关法律法规及区域内土地使用规划。

4.2 蜂场周围空气质量符合 GB 3095 中对环境空气质量功能区二类区的要求。

4.3 应选择地势高燥、背风向阳、排水良好、环境幽静、小气候适宜、交通便利、水电供 应稳定的场所。

4.4 种蜂场周边 3km 范围内应具备丰富的蜜粉源植物。1 年内至少有 2 种以上主要蜜源植物和多种花期相互交错的辅助蜜粉源植物开花。5km 范围内无有毒蜜粉源植物。

4.5 种蜂场附近要有便于蜜蜂采集的良好水源，但要远离大面积的水库或湖泊。水质应符合 NY 5027 的规定。

4.6 蜂场距离城镇居民区及主要交通干线 1km 以上，远离环境污染严重区、其他畜禽养殖区及山谷，依法取得种畜禽生产经营许可证。

4.7 洼地等易受洪涝威胁、有高压线的地段不宜建场。

4.8 种蜂场半径 12km 内没有非本品种的蜜蜂饲养。

5 布局

5.1 按生产区、隔离交尾区、办公生活区 3 个功能区分区布置，生产区和办公生活区之间应有专门的道路相连，且界限明显。

5.2 生产区包括饲养场、人工授精室、生物学测定室、蜂机具和饲料存放室等。饲养场内应干净卫生、无积水，不得饲养其他畜禽，周边可配套种植蜜粉源植物。

5.3 隔离交尾区应建在饲养场 0.5km 外。

5.4 蜂箱应根据地形适当分散排列，各蜂群的巢门方向应错开，蜂箱摆放应保持左右平衡，后部高于前部 2cm～3cm，蜂箱应用支架或物件承托，离地面 20cm～50cm。

5.5 办公生活区应包括蜂场生产经营者生活办公区和管理区等。

6 设施设备

6.1 建设消毒池、蜜蜂饮水装置、警示牌、养蜂棚，养蜂棚的基础和建筑均应牢固，长度根据地形和蜂群数量确定，棚顶可采用带隔热层的彩钢等材料，每群蜂的蜂棚面积不得低于 $1m^2$。

6.2 人工授精室和生物学测定室主要仪器设备包括精子检测显微镜、形态测定仪、人工授精仪、产育率分析仪、无菌操作台、高压灭菌锅、微量移液器、显微照明灯、背钩、腹钩、微量注射器、液氮罐、高压二氧化碳钢瓶等。

6.3 蜂箱选用符合当地饲养习惯的中蜂活框蜂箱，并配备相应数量的交尾箱。蜂箱上应有编号，蜂箱外观可喷涂成黄色、蓝色和白色，全场蜂箱规格统一。

6.4 蜂箱、隔王板、饲喂器、王台条、移虫针等应选用无毒、无味材料制成，巢础应选用纯净蜂蜡巢础。

6.5 分蜜机应选用不锈钢或全塑无污染分蜜机。割蜜刀应选用不锈钢割蜜刀。蜂产品贮存器应无毒、无污染、无异味。

6.6 为方便蜂群转地运输和提高养蜂智能化水平，可配备养蜂车辆和智能化养蜂设施设备。

6.7 生活服务区内应有工作人员的生活设施、办公设施等。

7 品种及规模

7.1 应选择重庆当地优良中蜂种群，不宜从其他地区的不同生态区引种。

7.2 种蜂保有量≥100 群，繁殖季节每群种蜂≥4 脾足蜂。

7.3 种蜂场年可提供优质种蜂王≥2 500 只，种蜂群或生产蜂群≥500 群。

8 种蜂王质量

8.1 应根据体长、体色、初生重、产卵力、维持群势能力等指标鉴定新培育的种蜂王。

8.2 种蜂王分级应符合 NY/T 1159 的要求。

9 人员与管理

9.1 种蜂场应具备 2 名以上养蜂专业技术人员。

9.2 有生产管理、防疫消毒、投入品管理、人员管理等各项制度，并上墙。

9.3 有科学的种蜂王选育方案和明确的系谱来源。

9.4 有完整的档案记录，包括人工育王记录、形态测定记录、经济性状考察记录、种王销售记录等，所有档案记录应长期保存以备查。

_____

ICS 65.140
B 47

DB50

重 庆 市 地 方 标 准

DB50/T 1008—2020

柑橘蜜蜂授粉技术规程

2020-06-22 发布

2020-09-22 实施

重庆市市场监督管理局 发布

前　言

本文件按照 GB/T 1.1—2009《标准化工作导则　第 1 部分：标准的结构和编写》的规定起草。

本文件由重庆市农业农村委员会提出并归口。

本文件起草单位：重庆市畜牧技术推广总站、重庆市南川区畜牧技术推广站、重庆市武隆区畜牧发展中心。

本文件主要起草人：程尚、谭宏伟、李晓波、荆战星、任远志、张晶、谭千洪、景开旺、王永康。

柑橘蜜蜂授粉技术规程

1 范围

本文件规定了柑橘蜜蜂授粉技术的术语和定义、选择和准备、授粉蜜蜂的准备、蜂群运输、授粉期管理、蜂群退场、授粉记录和档案建立。

本文件适用于规模柑橘种植园的蜜蜂授粉。

2 规范性引用文件

下列文件对于本文件的应用是必不可少的。凡是注日期的引用文件，仅注日期的版本适用于本文件。凡是不注日期的引用文件，其最新版本（包括所有的修改单）适用于本文件。

GB/T 19168　蜜蜂病虫害综合防治规范

NY/T 1160　蜜蜂饲养技术规范

NY/T 2718　柑橘良好农业规范

3 术语和定义

下列术语和定义适用于本文件。

3.1

柑橘蜜蜂授粉　honeybee pollination of citrus

柑橘花粉通过蜜蜂传播到柑橘花柱头上的过程。

3.2

足框　full frame

蜂箱内正、反面爬满蜜蜂，完全被蜜蜂覆盖，蜜蜂无重叠的巢脾。

3.3

初花期　early flowering stage

指柑橘花朵开花量约10％的时期。

3.4

末花期　last flowering stage

指柑橘花朵落花量约90％的时期。

4 柑橘园的选择和准备

4.1 种植面积

应选择成规模的柑橘园开展蜜蜂授粉，柑橘园应权属明确、管理统一，柑橘种植面积不低于30亩。

4.2 种植密度

应选择规范化种植的柑橘园开展蜜蜂授粉，柑橘园应根据不同柑橘品种特性合理种植，柑橘种植密度不小于50株/亩。

4.3 柑橘园用蜂数量

对符合条件的柑橘园，宜每5亩使用1群蜜蜂授粉。

4.4 柑橘园的准备

4.4.1 柑橘花期前10d，柑橘园内禁止使用农药。

4.4.2 蜂群进场前，应清除或保存好柑橘园内所有与农药有关的物品和器具，避免蜜蜂中毒。

5 授粉蜜蜂的准备

5.1 用于授粉的蜜蜂种类

用于柑橘授粉的蜜蜂包括中华蜜蜂和西方蜜蜂。中华蜜蜂是我国本土蜂种，是东方蜜蜂的指名亚种。

5.2 用于授粉的蜂群要求

5.2.1 应选择群势强、无病、健康、抗逆性强、不易分蜂和飞逃、性情温顺的蜂群。

5.2.2 蜂群群势不低于6足框，蜂群内有子脾，蜂王健康。

5.3 用于授粉的蜂场要求

为确保授粉期间有充足的蜂群，授粉蜂场中备用的授粉蜂群应不低于40%。

6 蜂群运输

6.1 运输车辆的选择

应选择有货运资质，运输舱可通风、遮阳、避雨的车辆。

6.2 蜂群搬运注意事项

搬运蜂箱应轻提轻放，避免震动、倾倒和开箱。

6.3 运输前

运输前1d～2d，应做好蜂群的包装，调整强、弱群间的子脾、蜜脾和群势，并固定巢脾和装订蜂箱。

6.4 运输中

6.4.1 运输途中应保持蜂群安静和通风，注意遮阳、避雨、喂水和洒水降温。

6.4.2 蜂群骚动严重时，应打开巢门放走部分老蜂。

6.5 到达目的地

6.5.1 到达目的地后应尽快卸载和摆放蜂群，对蜂群进行稳定性观察，待蜂群安静后再打开巢门。

6.5.2 傍晚或翌日早晨拆除蜂箱包装，检查、处理死蜂，合并无王群，充分饲喂缺蜜蜂群。

7 授粉期管理

7.1 进场时间

授粉蜂群应在柑橘初花期进场。

7.2 授粉蜂群

7.2.1 授粉蜂群摆放

7.2.1.1 蜂场应设立在背风向阳、地势高燥处，远离铁路、公路、大型公众场所，蜂场周边要有干净的水源。

7.2.1.2 蜂箱应依据地形分组放置于柑橘园中心，西方蜜蜂可按6群1组摆放，东方蜜蜂应分散摆放，群与群之间间隔不低于3m。

7.2.2 授粉蜂群病虫害防治

7.2.2.1 授粉期间应保持蜂场清洁卫生，蜂箱和蜂具要定期消毒，及时淘汰霉变和虫蛀的老旧巢脾。

7.2.2.2 发现传染病立即将病群转移隔离治疗，具体按照GB/T 19168《蜜蜂病虫害综合防治规范》执行，并及时补充数量和群势相当的蜂群。

7.2.2.3 对于患烈性传染病或治疗后失去经济价值的蜂群，应当焚烧处理。

7.2.3 授粉蜂群日常管理

授粉期间应开展蜂群检查工作。柑橘初花期应对蜂群进行补助饲喂。柑橘盛花期应注意蜂群分蜂热。具体按照 NY/T 1160 的要求执行。

7.2.4 授粉蜂群采集积极性诱导

蜜蜂采集积极性不高时，宜饲喂浸泡有柑橘花的糖水（蔗糖：水＝1：1），诱导蜜蜂采集。

7.3 柑橘园

7.3.1 柑橘树在蜜蜂授粉期间应避免使用任何杀虫剂和高毒农药。

7.3.2 柑橘园在蜜蜂授粉期间应避免使用粘虫板和诱捕器。

8 蜂群退场

8.1 退场时间

授粉蜂群应在柑橘末花期退场。

8.2 退场蜂群检查

8.2.1 退场前应观察蜂群群势和蜂王健康情况。

8.2.2 老蜂多、子脾少的弱群或失王群宜在退场前合并蜂群，具体按照 NY/T 1160《蜜蜂饲养技术规范》执行。

9 授粉记录和档案建立

9.1 建立授粉档案。

9.2 内容包括柑橘园基本情况、授粉蜂群基本情况、授粉期间蜂群管理情况、蜂群病虫害防治情况等。

9.3 记录真实、准确。

ICS 65.140
B 47

DB50

重 庆 市 地 方 标 准

DB50/T 1032—2020

中蜂养殖技术规程

2020-09-04 发布　　　　　　　　　　　　2020-11-20 实施

重庆市市场监督管理局　发布

前　言

本文件按照 GB/T 1.1—2009《标准化工作导则　第 1 部分：标准的结构和编写》的规定起草。

本文件由重庆市农业农村委员会提出并归口。

本文件起草单位：重庆市畜牧技术推广总站、重庆市南川区畜牧技术推广站、重庆市武隆区畜牧发展中心。

本文件主要起草人：谭宏伟、荆战星、任远志、程尚、张晶、景开旺、王永康。

中蜂养殖技术规程

1 范围

本文件规定了中蜂养殖技术的选址布局与设施设备、蜂种选择、饲料选择、蜂群常规管理、蜂群四季管理、病虫害防治、蜂蜜生产、记录档案管理。

本文件适用于重庆市范围内中蜂的活框养殖。

2 规范性引用文件

下列文件对于本文件的应用是必不可少的。凡是注日期的引用文件，仅注日期的版本适用于本文件。凡是不注日期的引用文件，其最新版本（包括所有的修改单）适用于本文件。

GB/T 19168 蜜蜂病虫害综合防治规范

NY/T 639 蜂蜜生产技术规范

NY/T 1160 蜜蜂饲养技术规范

DB50/T 742 中蜂标准化养殖场建设规程

3 术语和定义

下列术语和定义适用于本文件。

3.1

中蜂 Chinese honeybee

全称中华蜜蜂，是原产于我国的优良蜂种，是东方蜜蜂的指名亚种。

3.2

蜂群 colony

中蜂的社会性群体，是蜜蜂自然生存和蜂场饲养管理的基本单位。

3.3

巢脾 comb

由蜜蜂筑造的，双面布满六角形巢房的蜡质结构，是蜜蜂生活、繁殖与发育的场所，用于储存蜂蜜和花粉。

3.4

群势 power of colony

蜂群中工蜂及子脾的数量状况，是衡量蜂群繁殖力与生产力的主要指标。

3.5

蜂路 activity space for bee

蜂箱内的巢脾与巢脾、箱壁、隔板之间的间隙，是蜜蜂在蜂箱内的特定活动空间。

3.6

蜂脾关系 bee densities

蜜蜂在巢脾上爬附的密集程度，表示蜂与脾的比例关系，常用蜂少于脾、蜂脾相称或蜂多于脾来表述。

3.7

流蜜期 nectar flow

有一种或一种以上主要蜜源植物或辅助蜜源植物开花流蜜，蜂群可采集到食物或生产蜂蜜的时期。

4 选址布局与设施设备

中蜂蜂场的选址布局与设施设备应按照 DB50/T 742 的要求执行。

5 蜂种选择

5.1 蜂种宜选择当地优良中蜂种群，不应引进其他地理型蜂种。

5.2 应从具有种畜禽生产经营许可证的种蜂场引种。

5.3 所引蜂群应健康无病、群势强。

6 饲料选择

6.1 应用脾蜜、分离蜜或优质白砂糖作中蜂的糖饲料，用蜂花粉或花粉代用品作蜜蜂蛋白质饲料。

6.2 不明来源和污染变质的蜂蜜、蜂花粉或花粉代用品不应饲喂中蜂。

6.3 饲喂蜂花粉时，应对蜂花粉进行消毒处理。

7 蜂群常规管理

蜂群常规管理技术按照 NY/T 1160 的要求执行。

8 蜂群四季管理

8.1 春季管理要求

8.1.1 初春时，应对蜂场蜂群做一次全面检查，检查蜂群群势强弱、饲料贮存、蜂王活动、箱内环境、病虫害等情况，并做好记录。

8.1.2 应合并弱群及无王群，退出蜂群内多余的巢脾，及时清理箱底的蜂尸、残蜡、霉变物等。

8.1.3 有工蜂从室外采集自然花粉，蜂王开始在巢脾产卵时，应在傍晚连续用糖饲料进行奖励饲喂并补充花粉饲料。

8.1.4 应将蜂巢分区，把子脾限制在蜂巢中心处，边脾供幼蜂栖息和贮存饲料。

8.1.5 气温升高，蜂巢内巢脾上的仔圈面积扩大到下沿且幼蜂出房、蜂多于脾时开始加脾，每次加1 张，让蜜蜂筑造新脾，并逐步替换老旧巢脾。

8.1.6 蜂群应注意保温。外界气温稳步回升至 10℃以上，应逐步去除蜂箱内、外保温物。

8.1.7 应有计划地培育蜂王并及时换王和人工分蜂。

8.2 夏季管理要求

8.2.1 留足饲料并保持一定的群势（3 足框～5 足框）。

8.2.2 应定期全面检查蜂群，毁净自然王台。

8.2.3 场地应选择树荫之下，可采取遮阴、洒水和喂水等措施。

8.2.4 如有条件，可把蜂群转移到山区凉爽地带度夏。

8.2.5 应注意预防胡蜂对中蜂的危害。应避免蜂群采食施用农药的农作物。

8.2.6 应加强蜂群通风，打开气窗，放大巢门，扩大蜂路。

8.2.7 管理上应注意少开箱检查，以箱外观察为主。

8.3 秋季管理要求

8.3.1 主要流蜜期到来前 40d～45d 开始培育采集蜂。

8.3.2 在主要蜜源植物流蜜期间，组织强群采蜜，弱群繁殖。将弱群里正出房的子脾补给生产群以维持强群，保持 5 足框以上群势。

8.3.3 通过隔王板或囚王笼等工具限制蜂王产卵，适当控制生产群卵虫的数量。

8.3.4 流蜜期初期应及时清脾，流蜜期中期应及时取蜜，流蜜期后期应留足蜜脾作为越冬饲料。

8.3.5 应及时更换劣王、老王，培育适龄越冬蜂。

8.4 冬季管理要求

8.4.1 越冬场地应清洁卫生、避风、避雨、干燥、安静。

8.4.2 应对全面检查全部蜂群，紧缩蜂巢，使蜂多于脾，弱群可双王群越冬或并入强群。

8.4.3 越冬前若饲料不足，应一次性补足，越冬后期应注意补充饲料。

8.4.4 应注意蜂群保温，高寒地区可同时采用箱内保温和箱外保温的方法。保温材料应干净卫生、无毒无害。

9 病虫害防治

中蜂常见病虫害主要包括中蜂囊状幼虫病、欧洲幼虫腐臭病和巢虫，防治方法按照 GB/T 19168 的要求执行。

10 蜂蜜生产

10.1 基本要求

10.1.1 患病蜂群不应用于蜂蜜生产。

10.1.2 蜂蜜生产期，生产群不应使用药物。

10.1.3 商品蜜生产前，应分离出生产群中的饲料蜜。

10.1.4 蜜源植物花期施药期间，不应生产蜂蜜。

10.1.5 储蜜容器应符合食品卫生要求。

10.2 取蜜

10.2.1 场所

取蜜场所应清洁、卫生。

10.2.2 工具

取蜜工具包括摇蜜机、蜜桶、割蜜刀、蜂扫等，使用前应清洗、消毒，晒干后使用。

10.2.3 工作人员

工作人员应每年至少做 1 次健康检查，持健康证上岗。取蜜时应着工作服、工作帽和面罩，保持清洁卫生。

10.2.4 取蜜步骤

蜜房宜全部封盖后取蜜。先抖落蜜脾上的蜜蜂，然后割掉已封盖蜜巢房的蜡盖，放入摇蜜机分离蜂蜜。若蜜房未全部封盖，可采取二次摇蜜工艺，先将未封盖蜂蜜摇出，作为饲料蜜，再割蜜盖，完成第二次摇蜜，第二次摇出的蜜才能作为商品蜜出售。摇蜜机分离出的蜂蜜应经 90 目以上的滤网过滤，除去杂质。

10.2.5 蜂蜜的贮存、标签、包装应按 NY/T 639 的要求执行。

11 记录档案管理

11.1 蜂场应建立记录档案管理制度，记录内容包括蜂场基本情况、蜂场场地环境、蜂群养殖基本情况、病虫害防治基本情况、蜂产品采收和贮运情况等。

11.2 记录档案应保存 2 年以上，以备查询。

ICS 65.140
CCS B 47

DB50

重 庆 市 地 方 标 准

DB50/T 1051—2020

中蜂家庭蜂园建设规范

2020-10-28 发布

2021-01-01 实施

重庆市市场监督管理局 发布

前　言

　　本文件按照 GB/T 1.1—2020《标准化工作导则　第 1 部分：标准化文件的结构和起草规则》的规定起草。

　　本文件由重庆市农业农村委员会提出并归口。

　　本文件起草单位：重庆市綦江区农业农村委员会、重庆市綦江区畜牧站。

　　本文件主要起草人：翁昌龙、许李丽、周莉、李潇、叶昭辉、邓玲玲、张榆敏、刘萍。

中蜂家庭蜂园建设规范

1 范围

本文件规定了中蜂家庭蜂园的蜂园选址、规划布局、设施设备及管理要求。

2 规范性引用文件

下列文件中的内容通过文中的规范性引用而构成本文件必不可少的条款。其中，注日期的引用文件，仅该日期对应的版本适用于本文件；不注日期的引用文件，其最新版本（包括所有的修改单）适用于本文件。

GB 3095　环境空气质量标准

NY/T 391　绿色食品　产地环境质量

NY/T 472　绿色食品　兽药使用准则

NY/T 639　蜂蜜生产技术规范

NY/T 1160　蜜蜂饲养技术规范

3 术语和定义

下列术语和定义适用于本文件。

3.1

中蜂家庭蜂园

中蜂家庭蜂园指养殖中蜂数量在 30 群以上，具备养殖设施设备，种植一定蜜源植物，具有观光旅游功能的园。

4 蜂园选址

4.1　蜂园应选择有良好水源、交通便利的地方，空气质量应符合 GB 3095 中环境空气质量功能区二类区的要求，水质应符合 NY/T 391 中的用水标准。

4.2　蜂园应远离噪声源、强光源、污染源，避开辐射强的设施设备，远离糖厂、蜂蜜加工厂及含糖量高的食品厂。

4.3　蜂园周围 3km 内应至少有 1 种主要蜜源植物，有丰富的辅助蜜源，且 5km 内无有毒蜜源植物分布。

4.4　蜂园应避免与其他畜禽混养。

4.5　蜂园选址应保证人、蜂安全。

5 规划布局

5.1　蜂园规划布局应因地制宜，分为生活区、生产区，各区之间应有洁净的道路相连。

5.2　生活区应包括生活设施、办公设施、摇蜜体验室等。主要建筑物宜为活动板房，且不少于 $20m^2$。

5.3　生产区应包括饲养场、蜂机具和饲料存放室等。

5.4　蜂园周围应种植既流蜜又可以观赏的植物。

6 设施设备

6.1 设施

蜂园设施应满足以下要求：

a) 蜂园宜建设大门并挂牌匾；

b) 蜂园周围安装铁丝网或围栏，使其与外界隔离，安装监控系统；

c) 蜂园道路宜铺青石砖或渗水砖；

d) 蜂园宜有排水渠道；

e) 蜂园宜配备摇蜜展示间。

6.2 设备

6.2.1 设备要求

设备应满足以下要求：

a) 蜂箱可选用中蜂活框蜂箱或圆桶蜂箱，应配备蜂箱架、摇蜜机等附属设备；

b) 应配备蜂衣、蜂帽、手套等防护型设备；

c) 所有设备应选择无毒、无害、无气味的产品。

6.2.2 蜂箱摆放要求

蜂箱摆放应满足以下要求：

a) 蜂箱摆放后高前低，呈分散排列，在山区应利用斜坡布置蜂群；

b) 蜂箱支离地面 20cm～50cm，前后间距不小于 100cm，左右间距不小于 40cm；

c) 每个蜂箱应标注序号。

7 管理要求

7.1 蜂园应建立生产管理、人员管理、卫生防疫、档案管理等制度并上墙。

7.2 蜂园内应配备 1 名以上技术人员，并获得县级以上农业（畜牧）部门颁发的有效养蜂证，技术人员至少每年进行 1 次健康检查，持健康证上岗。

7.3 蜂园内应保持清洁卫生，蜂箱、蜂具按规定消毒，及时淘汰霉变、被巢虫蛀咬和传染病发生后的巢脾。

7.4 蜂园应从有种畜禽生产经营许可证的种蜂场引种。

7.5 蜂园应加强病虫害防治，参照 NY/T 1160《蜜蜂饲养技术规范》，用药参照 NY/T 472《绿色食品 兽药使用准则》。

7.6 蜂蜜采收应按照 NY/T 639《蜂蜜生产技术规范》的规定执行。

7.7 蜂园应加强档案管理。生产过程应实行信息化动态管理，有完整的记录记载，归档管理。

———————————

ICS 65.140
CCS B 47

DB50

重 庆 市 地 方 标 准

DB50/T 1076—2021

设施草莓意大利蜜蜂授粉技术规范

2021-01-20 发布

2021-04-20 实施

重庆市市场监督管理局 发布

前　言

本文件按照 GB/T 1.1—2020《标准化工作导则　第 1 部分：标准化文件的结构和起草规则》的规定起草。

本文件由重庆市农业农村委员会提出并归口。

本文件起草单位：重庆市畜牧科学院。

本文件主要起草人：罗文华、曹兰、刘佳霖、王瑞生、高丽娇、姬聪慧、任勤、杨金龙。

设施草莓意大利蜜蜂授粉技术规范

1 范围

本文件规定了设施草莓意大利蜜蜂授粉的术语和定义，授粉蜂群及蜂箱、授粉蜂群运输、授粉蜂群饲养管理、诱导授粉、用药管理和授粉蜂群回收的要求。

本文件适用于设施草莓意大利蜜蜂授粉。

2 规范性引用文件

下列文件中的内容通过文中的规范性引用而构成本文件必不可少的条款。其中，注日期的引用文件，仅该日期对应的版本适用于本文件；不注日期的引用文件，其最新版本（包括所有的修改单）适用于本文件。

GB/T 19168 蜜蜂病虫害综合防治规范

3 术语和定义

下列术语和定义适用于本文件。

3.1

意大利蜜蜂

西方蜜蜂的一个地理亚种，原产于地中海中部的亚平宁半岛，属黄色蜂种。

3.2

授粉蜂群

设施草莓授粉专用意大利蜜蜂蜂群。

3.3

授粉蜂箱

设施草莓授粉专用木制小蜂箱。

3.4

设施草莓

在大棚、温室等农业设施内种植的草莓。

4 授粉蜂群及蜂箱

4.1 授粉蜂群的繁育

4.1.1 授粉蜂繁育时间

根据重庆草莓种植时间，于9月下旬至10月中下旬开始培育授粉蜂群，繁育充足的适龄授粉蜂。

4.1.2 授粉蜂群饲养

采用双王群饲养技术繁育授粉蜂群。用闸板将巢箱隔成2区，各开1个巢门，每个区饲养1群蜂，蜂王分别在各自区域内产卵繁殖。繁育的授粉蜂群转至授粉蜂箱，授粉蜂箱应具有良好的透气性和保温性，能容纳3脾意大利蜜蜂，蜂箱外围尺寸为510mm×240mm×260mm，蜂箱壁厚20mm以上。

4.2 授粉蜂群的组织和配置

授粉蜂群由3足框蜂及1只健康、产卵的蜂王组成，蜂群应至少包含1脾封盖子脾及1脾蜜粉脾。每600m²～700m²设施草莓大棚配备1个授粉蜂群。

5 授粉蜂群运输

5.1 运输工具

汽车等运输工具应清洁，无农药等污染。

5.2 补充饲料

需要长距离运输，应在授粉蜂群装车前 2h 增加 1 脾蜜脾。

5.3 固定巢脾

固定巢脾及授粉蜂箱，防止运输过程中挤压蜜蜂。

5.4 巢门朝向

调整好巢门方向，采用关门运蜂方式时蜂箱纵向摆放，巢门方向应统一为向前或向后；采用开门运蜂方式时蜂箱横向摆放，巢门朝向两侧。

5.5 运输时间

合理安排运蜂时间，应在傍晚蜜蜂归巢后起运。

5.6 蜂群的保温、通风和防震

注意蜂群的保温，适当在蜂箱上增加保温物，保证通风，防止蜂闷死，尽量减少车辆行驶震动，避免压死蜜蜂或损伤巢脾。

6 授粉蜂群饲养管理

6.1 引入前工作

授粉蜂群引入前，应在大棚的门口和侧棚设置防虫网，避免授粉蜂飞出大棚。在大棚中央放置蜂群支架，高约 0.5 m。

6.2 授粉时间及放置方法

6.2.1 授粉时间

待设施大棚内 5％左右的草莓植株开花时引入授粉蜂群，授粉期为 100d～130d。

6.2.2 放置方法

傍晚进蜂，将授粉蜂群放在棚室中央位置的支架上，巢门向北，静止 10min 待蜂群安定后，打开巢门。

6.3 授粉环境条件

授粉期间，设施草莓大棚应将温度控制在 16℃～30℃，湿度在 60％～85％。棚内温度低于 16℃应密闭大棚，防止冷风浸入；温度高于 30℃应及时掀起侧棚，加强通风。

6.4 补充饲喂

6.4.1 饲喂花粉

选择无污染、无霉变的蜂花粉，采用辐照或微波灭菌的方法为蜂花粉原料消毒，而后用粉碎机粉碎成细粉状，将蜂蜜加热至 70℃左右后倒入盛有花粉的盆内（蜂蜜和蜂花粉质量比为 3：5）混合，制成花粉饼，每 3d 饲喂 1 次，饲喂量以 3d 内消耗完为宜。

6.4.2 饲喂糖水

选择无污染的白砂糖或蜂蜜，配制成 50％的蔗糖溶液或 75％的蜂蜜溶液，装入饲喂器后放进蜂群内饲喂。糖水饲喂量随蜂群存蜜量的变化而定，若蜂群无存蜜，应大量补喂，若蜂群存蜜丰富，则不需饲喂。

6.4.3 喂水

在授粉蜂箱前 1 m 左右的地方设置饮水点。饮水点可用水盆等容器装满清洁饮水，每 3d 换 1 次水。在容器中放置少量草秆或小树枝等供蜜蜂攀附，以防蜜蜂溺水死亡。

6.5 授粉蜂病虫害防治

按照 GB/T 19168 的规定执行。

6.6 授粉蜂群保温

若授粉环境温度低于 16℃，应在授粉蜂箱上放置保温物，防止蜂群冻伤。

6.7 授粉蜂补充

授粉蜂群势不足时，需要及时补充授粉蜂或替换授粉蜂群，授粉蜂群需维持 2 足框～3 足框蜂，有利于保证蜂群的授粉效率。

7 诱导授粉

授粉蜂群引入后，将洁净的草莓花朵放在 50％的蔗糖溶液中浸泡 24h，然后滤去花朵，用泡过花朵的糖液饲喂蜂群。

8 用药管理

授粉蜂群引入大棚前 7d 至授粉结束，大棚内禁止使用对蜜蜂有毒、有害的农药。若必须使用农药，应选择对蜜蜂无影响的生物制剂，提前 1d 将授粉蜂群搬出大棚，生物制剂喷洒完成后，应等气味散尽再将蜂群引入大棚。

9 授粉蜂群回收

授粉结束后，在傍晚蜜蜂回巢后关闭巢门，打开通风口，及时撤出蜂群。

ICS 65.140
CCS B 47

DB50

重 庆 市 地 方 标 准

DB50/T 1078—2021

中蜂成熟蜜生产技术规范

2021-01-20 发布　　　　　　　　　　　　2021-04-20 实施

重庆市市场监督管理局　发布

前　言

本文件按照 GB/T 1.1—2020《标准化工作导则　第 1 部分：标准化文件的结构和起草规则》的规定起草。

本文件由重庆市农业农村委员会提出并归口。

本文件起草单位：重庆市畜牧科学院、彭水苗族土家族自治县畜牧发展中心。

本文件主要起草人：罗文华、曹兰、王小平、刘佳霖、王瑞生、高丽娇、姬聪慧、任勤、杨金龙、刘卉红、张乾鹤。

中蜂成熟蜜生产技术规范

1 范围

本文件规定了中蜂成熟蜜生产的术语和定义、蜂场选址、生产群的组织、生产群的管理、采收要求和贮存等内容。

本文件适用于中蜂成熟蜜生产。

2 规范性引用文件

下列文件中的内容通过文中的规范性引用而构成本文件必不可少的条款。其中，注日期的引用文件，仅该日期对应的版本适用于本文件；不注日期的引用文件，其最新版本（包括所有的修改单）适用于本文件。

GB 3095—2012　环境空气质量标准

GB/T 19168　蜜蜂病虫害综合防治规范

GB/T 20014.27　良好农业规范　第 27 部分：蜜蜂控制点与符合性规范

GH/T 18796—2012　蜂蜜

NY/T 639—2002　蜂蜜生产技术规范

NY 5027　无公害食品　畜禽饮用水水质

DB50/T 742—2016　中蜂标准化养殖场建设规程

3 术语和定义

下列术语和定义适用于本文件。

3.1

中华蜜蜂

我国独有的优良蜂种，属于东方蜜蜂的一个亚种。

3.2

成熟蜜

蜜蜂采集植物的花蜜、分泌物或昆虫排泄物，带回巢房中加入自身分泌物，经充分酿造后储存在封盖蜂巢内，自然成熟的天然甜物质。

3.3

主要蜜源植物

在养蜂生产中能用于生产商品蜜的蜜源植物。具有数量多、面积大、花期长、泌蜜量大等特点，分为栽培蜜源植物和野生蜜源植物。

3.4

辅助蜜粉源植物

能分泌花蜜或产生花粉，主要用于维持蜜蜂生活和促进蜂群繁殖的植物。

3.5

有毒蜜粉源植物

分泌的花蜜或产生的花粉会导致蜜蜂或人畜中毒的蜜粉源植物。

3.6

群势

一群蜜蜂中工蜂个体的数量，是反映蜂群繁殖力和生产力的主要指标。

3.7

主副群

采蜜期间将群势强弱不同的蜂群分为主、副群。强群作为主群用于采集蜜粉，又称生产群。弱群作为副群用于繁殖蜂群，又称辅助群。

3.8

适龄采集蜂

正值壮年的采集工蜂。

3.9

流蜜期

外界有一种或多种主要蜜源植物开花，蜂群能生产大量蜂蜜的时期。

4 蜂场选址

4.1 蜂场场址应符合 DB50/T 742 的要求。蜂场周围 3km 范围内，1 年里至少有 2 种或以上主要蜜源植物和多种花期相互交错的辅助蜜粉源植物开花。蜂场周围 5km 范围内无有毒蜜粉源植物。

4.2 蜂场附近要有便于蜜蜂采集的良好水源，如果没有天然水源，应设置蜜蜂取水装置，水质应符合 NY 5027 的规定。蜂场空气质量符合 GB 3095—2012 中对二类区的要求。

5 生产群的组织

5.1 群势

生产蜂群群势要求达到 4 脾及以上。

5.2 状态

用于生产的蜂群应健康无病，蜂王健壮。

5.3 培育适龄采集蜂

从主要蜜源植物流蜜期前 40d 开始，通过饲喂消毒花粉和蜜水，紧缩巢脾，保持巢温，促进蜂王产卵，培育适龄采集蜂。夏季应做好遮阳和通风工作。蜂场应防治蜂病，使用的蜂药符合 GB/T 19168 和 GB 2763 的要求。采集群的采集蜂数量占总蜂量的 50% 以上。

5.4 准备巢脾

在主要蜜源植物流蜜期前准备大量、洁净的新巢脾。

5.5 组织生产群

在主要蜜源植物流蜜期前 15d，从副群提出即将出房的封盖子脾调入主群，将主群的卵虫脾调入副群，增强主群的采集能力。

6 生产群的管理

6.1 主要蜜源植物流蜜期只有 10d 左右，且以后没有主要蜜源时，应在流蜜期前 10d 限制蜂王产卵，直至流蜜期结束，以减少工蜂的哺育工作，集中力量采蜜和酿蜜，夺取高产。

6.2 主要蜜源植物流蜜期长达 30d 以上，且后期还有辅助蜜粉源植物流蜜时，可适当限制蜂王产卵，或采用主群采蜜、副群繁殖的生产方式。

6.3 生产过程符合 GB/T 20014.27 的规定。

7 采收要求

7.1 采收时间

应在蜂巢内蜂蜜巢房封盖 7d 后采收。

7.2 采收工具和设备

7.2.1 割蜜刀

采用不锈钢制造，清洁、卫生。

7.2.2 摇蜜机

采用不锈钢或无毒塑料制造，清洁、卫生。

7.2.3 滤网

采用 60 目、80 目不锈钢滤网或无毒塑料制造，清洁、卫生。

7.2.4 蜂蜜容器

用无毒塑料桶或内胆有安全涂料保护层的蜜蜂专用钢桶，清洁、卫生。

7.3 采收方法

为获取成熟蜜，先清理巢脾上未封盖的蜂蜜，再割去巢脾的蜜盖，用摇蜜机摇出封盖蜂蜜。

7.4 蜂蜜过滤

7.4.1 粗滤

采用 60 目滤网（网孔内径为 0.25mm）过滤，主要除去蜡屑、幼虫、蜂尸等较大的杂质。

7.4.2 精滤

采用 80 目及以上滤网（网孔内径≤0.17mm）过滤，以去除更小的杂质。

8 贮存

贮存在阴凉通风、清洁卫生的场所，远离污染源，不得与有毒、有害、有异味的物质在同一处贮存，防潮、防晒、防鼠。

ICS 65.140
CCS B 47

DB50

重 庆 市 地 方 标 准

DB50/T 1214—2022

中华蜜蜂人工育王技术规范

2022-03-25 发布
2022-07-01 实施

重庆市市场监督管理局 发布

前　言

本文件按照 GB/T 1.1—2020《标准化工作导则　第 1 部分：标准化文件的结构和起草规则》的规定起草。

请注意本文件的某些内容可能涉及专利。本文件的发布机构不承担识别专利的责任。

本文件由重庆市农业农村委员会提出并归口。

本文件起草单位：重庆市畜牧技术推广总站。

本文件主要起草人：谭宏伟、荆战星、景开旺、贺德华、陈红跃、张晶、刘羽、程尚、谭千洪、赖鑫、朱燕。

中华蜜蜂人工育王技术规范

1 范围

本文件规定了中华蜜蜂人工育王的术语和定义、育王工具、种用群选择与培育、哺育群选择与组织、移虫、育王管理、交尾群管理、档案管理等内容。

本文件适用于中华蜜蜂活框饲养蜂场的人工育王生产。

2 规范性引用文件

下列文件中的内容通过文中的规范性引用而构成本文件必不可少的条款。其中，注日期的引用文件，仅该日期对应的版本适用于本文件；不注日期的引用文件，其最新版本（包括所有的修改单）适用于本文件。

GB 3095　环境空气质量标准

NY 5027　无公害食品　畜禽饮用水水质

3 术语和定义

下列术语和定义适用于本文件。

3.1

人工育王　artificial breeding queen

利用工蜂卵与蜂王卵同源于受精卵的生物学特点，将工蜂房中健康的 3 日龄以内小幼虫转移到人工王台内，置于哺育蜂群中批量培育优质蜂王的一种技术。

3.2

种用群　breeding bee colony

为人工培育种蜂王提供母本和父本的蜂群。

3.3

交尾群　mating bee colony

供处女王交尾后临时生活的蜂群。

3.4

处女王　virgin queen

羽化出台后未经交配的蜂王。

3.5

成熟王台　mature royal cell

从封盖至盖顶呈深褐色，新王即将出房的王台。

4 育王工具

4.1 育王框制作

育王框的高与长和巢框相同，宽 12mm～13mm，在两侧梁间等距固定 2 根～3 根可转动方向的活动木条，或嵌入两侧插槽的 2 根～3 根活动木条，台基条之间距离 30mm～35mm。

4.2 育王棒制作

选用质地细密、无异味且坚硬的木料制作，长 100mm～120mm，木棒一端打磨成光滑的半球形，半圆直径 7mm～8mm，使用前在清水中浸泡 4h。

4.3 台基制作

将蜂蜡加热至熔化并保持温度在 60℃以上，将浸泡好的育王棒的一端垂直插入蜡液，形成底厚口薄的蜡杯，置于冷水中冷却并剥离台基，形成若干大小一致的台基。

5 种用群选择与培育

5.1 育王时间

选择外界气温 20℃以上、蜜粉源丰富、蜂群强盛且有大量雄蜂的季节。

5.2 种用群选择

选择能维持大群、抗病力强、采集力强、性情温驯、护脾能力强、不易起盗的种性优良蜂群作为种用群。

5.3 种用雄蜂培育

在移虫前 20d～25d 培育种用雄蜂，在种用蜂群中加入雄蜂脾，培育大量适龄雄蜂。

5.4 蜂王幼虫培育

在移虫前 10d，限制蜂王产卵，在移虫前 4d，放王产卵，以便获取优质的种用幼虫。

6 哺育群选择与组织

6.1 哺育群选择

选择群势强、健康无病、蜜粉充足、封盖子和哺育蜂多、卵和小幼虫少的蜂群。

6.2 哺育群组织

在移虫前 12d 选择和组织哺育群，移虫前 1d～2d 进行失王处理。将育王框两侧巢脾调整为带蜜粉的小幼虫脾。

7 移虫

7.1 移虫准备

将人工台基固定在育王框木条上，置入哺育群，让工蜂清理 2h～3h。

7.2 移虫操作

从种用群中取出幼虫脾，选择 3 日龄以内的幼虫，用移虫针将幼虫挑入台基中。

8 育王管理

8.1 王台管理

移虫后第 2d 检查王台的接受情况，可对未接受的王台进行幼虫补移。待王台封盖后再检查，淘汰封盖早、畸形、瘦小的王台，保留形态、外观正常的王台。

8.2 哺育群管理

对哺育群奖励饲喂至王台封盖。在哺育群移虫或介入封盖王台后的第 5d，检查和毁除巢脾上所有急造王台。蜂王培育完成后，应及时在哺育群诱入王台换王或释放所囚蜂王。

9 交尾群管理

9.1 交尾场地选择

选择地势高燥、背风向阳、蜜粉源丰富的地方。应避开西方蜜蜂养殖场和大面积水域，以及与原蜂场的距离不小于 2.5km 的场地。空气质量符合 GB 3095 中对环境空气质量功能区二类区的要求，水质应符合 NY 5027 的要求。

9.2 交尾群组织与摆放

在介入成熟王台前 1d 组织交尾群，每个交尾群都由从同 1 个强群中抽取的 1 个～2 个带蜜脾和工蜂的成熟蛹脾组成。组成的交尾群进行无王处理 18h～20h 后诱入成熟王台。箱距不低于 2m，分散摆放，巢门方向错开。

9.3 处女王选留

介入王台后第 3d 检查，选留体型匀称、发育正常的处女王。

9.4 蜂王产卵检查

介入王台后第 10d～12d 查看蜂王产卵情况。15d 未产卵的蜂王直接淘汰。若交尾群缺乏蜜粉，在傍晚补充饲喂，促使蜂王早交尾和产卵。

10 档案管理

建立育王档案，档案内容包括操作人员、育王群来源及编号、育王时间、天气、蜜源、产卵日期、育成蜂王数量、换王日期等。档案保存期不少于 3 年。

九、饲料

（3个）

ICS 65.120
B 46
备案号：49967—2016

DB50

重 庆 市 地 方 标 准

DB50/T 669—2016

青贮饲料品质鉴定

2016-07-01 发布

2016-09-01 实施

重庆市质量技术监督局 发布

前　言

本文件按照 GB/T 1.1—2009《标准化工作导则　第1部分：标准的结构和编写》的规定起草。

请注意本文件的某些内容可能涉及专利。本文件的发布机构不承担识别专利的责任。

本文件由重庆市农业委员会提出并归口。

本文件起草单位：重庆市畜牧技术推广总站、西南大学。

本文件主要起草人：尹权为、李发玉、曾兵、刘学福、韩玉竹、陈东颖、李舸、王保全、张璐璐、肖红波。

青贮饲料品质鉴定

1 范围

本文件规定了青贮饲料品质鉴定的术语和定义及感官鉴定、实验室鉴定、品质综合评价方法。

本文件适用于禾本科牧草、豆科牧草及农作物秸秆青贮饲料品质的常规鉴定。

2 规范性引用文件

下列文件对于本文件的应用是必不可少的。凡是注日期的引用文件，仅注日期的版本适用于本文件。凡是不注日期的引用文件，其最新版本（包括所有的修改单）适用于本文件。

GB/T 6435—2014 饲料中水分的测定

GB/T 9724 化学试剂 pH 值测定通则

NY/T 2129 饲草产品抽样技术规程

3 术语和定义

下列术语和定义适用于本文件。

3.1

青贮饲料 silage

将新鲜的青绿饲料切短后，在密闭缺氧的条件下，利用微生物发酵作用制成的一种具有特殊芳香气味、营养丰富的多汁饲料。

3.2

常规青贮 conventional silage making

青贮用饲草、作物刈割后适当晾晒，使其水分含量降到 65%～75% 再进行青贮加工的方法。

3.3

半干青贮 hay silage making

青贮用饲草、作物刈割后经过晾晒，使其水分含量降到 45%～50% 再进行青贮加工的方法。

3.4

青贮品质 silage quality

青贮饲料的物理品质和化学品质。

3.5

感官鉴定法 sensory evaluation

通过感官鉴定青贮饲料的颜色、香气、酸味、质地等的方法。

3.6

常规实验室鉴定法 routine experiment evaluation

通过实验分析测定青贮饲料的 pH、水分含量等的方法。

4 品质评价

4.1 感官评价

通过感官鉴定法评价青贮饲料品质优劣。启用青贮饲料时，用感官直观判定品质优劣及是否可用。半干青贮常只用感官评价。被评为差等等级的青贮料不宜饲喂家畜。评价标准见表1。

表 1 青贮饲料感官评价标准

等级	颜色	香气	酸味	质地
优良	比较接近原料的颜色，一般呈黄绿色或青绿色	芳香，有酒酸味	酸味较浓	柔软湿润，原料的茎、叶、花保持原状，叶脉等清晰可见，松散
中等	与原料颜色相差较大，呈黄褐色或暗绿色	芳香味弱，稍有酒精或醋酸味	酸味适中	柔软，水分稍多，原料的茎、叶、花基本保持原状
差等	黑色或墨绿色	刺鼻腐臭味、霉味或其他怪味	酸味淡，味苦	腐烂、粘结成块或滴水，原料的茎、叶、花原状保持极差

4.2 常规实验室鉴定

感官评价为优良、中等的常规青贮饲料，需要进一步评价其品质时，一般采用常规实验室鉴定法鉴定、评价。

4.2.1 抽样

按照 NY/T 2129《饲草产品抽样技术规程》的规定执行。

4.2.2 试样制备

将抽取的青贮饲料充分混合后取样（相当于 15g 干物质的量），放入 200mL 的广口三角瓶，加水 120mL～140 mL，加塞后在 4℃冰箱内浸提 24h。摇晃三角瓶，以保证浸提完全。取出三角瓶，按先液后渣的顺序过滤青贮饲料，尽量挤出残渣中的提取液。通过滤纸的液体部分作为分析 用提取液。

4.2.3 试样存放

不能立即分析的试样，应密封冷藏保存。

4.2.4 测定

4.2.4.1 pH 测定

按 4.2.2 制得的提取液，用"广泛 pH 试纸"进行简易测定，也可按照 GB/T 9724《化学试剂pH 值测定通则》进行精细测定。

4.2.4.2 水分含量测定

按 GB/T 6435 测定饲料中水分和其他挥发性物质含量的方法测定水分含量。

4.3 综合评价

用感官鉴定法和常规实验室鉴定法对感官评价为优等和中等的常规青贮饲料进行质量综合 评价，即以颜色、气味（香气、酸味）、质地、pH 和水分等为指标，分别打分，再按各项分数综合评定饲料青贮质量等级。综合评定为劣质的青贮饲料不宜饲喂家畜。评价标准见表2、表3。

表 2 常规青贮饲料评分标准

青贮料	等级	pH	水分	气味（香气、酸味）	颜色	质地
禾本科及秸秆类	优等	3.4（25）、3.5（23）、3.6（21）、3.7（20）、3.8（18）	65%（20）、66%（19）、67%（18）、68%（17）、69%（16）、70%（14）	甘酸香味（25～18）	亮黄色（20～14）	松散柔软，不粘手（10～8）
	良好	3.9（17）、4.0（14）、4.1（10）、4.2（8）	71%（13）、72%（12）、73%（11）、74%（10）、75%（8）	淡酸味（17～9）	黄褐色（13～8）	较松散，几乎不粘手（7～4）
	一般	4.3（7）、4.4（6）、4.5（5）、4.7（3）、4.8（1）	76%（7）、77%（6）、78%（5）、79%（3）、80%（1）	刺鼻酒酸味（8～1）	黄褐偏黑色（7～1）	略带黏性（3～1）

表 2（续）

青贮料	等级	pH	水分	气味 （香气、酸味）	颜色	质地
豆科类	优等	3.6（25）、3.7（23）、3.8（21）、3.9（20）、4.0（18）	65%（20）、66%（18）、67%（16）、68%（14）	酸香味 （25～18）	亮黄色 （20～14）	松散柔软，不粘手（10～8）
	良好	4.1（17）、4.20（14）、4.3（10）、4.4（8）	69%（13）、70%（11）、71%（10）、72%（8）	酸味，酒酸味 （17～9）	金黄色 （13～8）	较松散，几乎不粘手（7～4）
	一般	4.5（7）、4.6（6）、4.7（5）、4.8（3）、4.9（2）、5.0（1）	73%（7）、74%（5）、75%（3）、76%（1）	刺鼻酸味，不舒适感（8～1）	暗黄褐色（7～1）	略带黏性（3～1）

注：1. 括号内数值表示得分数。
　　2. 秸秆主要指玉米秸秆及苕藤、花生藤等农作物秸秆。
　　3. 豆科类牧草青贮时一般加含有高糖分的禾本科牧草。

表 3　常规青贮饲料质量综合评分等级

得分	100～72	71～37	36～11	≤10
等级	优等	良好	一般	劣质

ICS 65.120
B 46

DB50

重 庆 市 地 方 标 准

DB50/T 953—2019

饲料中大肠杆菌O157的快速检测
环介导等温扩增（LAMP）法

2019-12-12 发布

2020-03-15 实施

重 庆 市 市 场 监 督 管 理 局 发 布

前　言

本文件按照 GB/T 1.1—2009《标准化工作导则　第 1 部分：标准的结构和编写》的规定起草。

本文件由重庆市农业农村委员会提出并归口。

本文件起草单位：重庆市动物疫病预防控制中心、重庆市兽药饲料检测所。

本文件主要起草人员：胡健、周莉、侯亚莉、朱英才、盛欣、丁平、何义刚、张毅、王美珍、张军等。

饲料中大肠杆菌 O157 的快速检测环介导等温扩增（LAMP）法

1 范围

本文件规定了用环介导等温扩增（LAMP）法检测饲料中大肠杆菌 O157 的原理、试剂、仪器和设备、操作步骤、结果判定和表述。

本文件适用于饲料中大肠杆菌 O157 的筛选检测。

2 规范性引用文件

下列文件对于本文件的应用是必不可少的。凡是注日期的引用文件，仅注日期的版本适用于本文件。凡是不注日期的引用文件，其最新版本（包括所有的修改单）适用于本文件。

GB 4789.36　食品安全国家标准　食品微生物学检验　大肠埃希氏菌 O157：H7/NM 检验

GB/T 6682　分析实验室用水规格和试验方法

GB 19489　实验室　生物安全通用要求

3 生物安全措施

培养物和废弃物处理应按照 GB 19489 的规定执行。

4 原理

用热裂解法提取大肠杆菌 O157 的基因组 DNA 作为环介导等温扩增模板，根据大肠杆菌 O157 的 rfbE 基因特异序列，设计 5 条 LAMP 引物（参见附录 A），建立 LAMP 反应体系，恒温反应结束后，根据添加的染料显色情况判断结果。

5 试剂

5.1　除另有规定外，试剂为分析纯试剂，试验用水符合 GB/T 6682 的要求。

5.2　改良 EC 肉汤（mEC＋n）。

5.3　营养肉汤。

5.4　生理盐水。

5.5　双蒸水（ddH2O）。

5.6　合成大肠杆菌 O157 检测用引物，包括外引物 1 对、内引物 1 对、环状下游引物 1 条。外引物 F3：5' - TCTCAATTCTAACTAGGACCGCAGA - 3'。外引物 B3：5' - ATAACTTGCTCAT-TCGATAGGCTGG - 3'。内引物 FIP：5' - ACAGGGTAAAAAACTGGCCTGAGGAATTA-AGGAATCACCTTGC - 3'。内引物 BIP：5' - CACGATGCCAATGTACTCGGAAAAATAAT-TCCACGCCAACCAAGA - 3'。环状下游引物 LB：5' - ATCAAAAGCACCCTATAGCTGAG - 3'。将各引物用双蒸水溶解，配置成 100mmol/L 的储备浓度，用双蒸水稀释为 10mmol/L 工作浓度备用。

5.7　Bst DNA 聚合酶。

5.8　脱氧核糖核苷三磷酸（dNTPS），包括 dATP、dTTP、dGTP、dCTP 各 10mmol/L。

5.9　MgCl$_2$ 溶液（50mmol/L）。

5.10　10×Bst DNA 聚合酶缓冲液（200mmol/L Tris - HCl（pH8.8）、100mmol/L KCl、100mmol/L (NH$_4$)$_2$SO$_4$、20mmol/L MgSO$_4$、1% Triton X - 100）。

5.11　甜菜碱，用双蒸水溶解，配置成 5 mol/L 溶液。

5.12 钙黄绿素 $C_{46}H_{46}N_2O_{23}$，用双蒸水溶解，配置成 625 μmol/L 溶液。

5.13 $MnCl_2$，用双蒸水溶解，配置成 7.5mmol/L 溶液。

5.14 阳性对照，大肠杆菌 O157 标准菌株基因组 DNA。

6 仪器和设备

6.1 移液器，量程为 0.5μL～10μL，10μL～100μL，100μL～1 000 μL。

6.2 无菌均质袋，500mL。

6.3 锥形瓶，500mL。

6.4 水浴锅或恒温金属浴，精度±1℃。

6.5 高速离心机，≥7 000g。

6.6 恒温培养箱，精度±1℃。

6.7 电子天平，感量 0.01g、感量 0.000 1g。

7 采样

7.1 采样原则

样品的采集应遵循随机性、代表性的原则。采样过程应遵循无菌操作程序的要求，防止一切可能的外来污染。

7.2 采样方法

7.2.1 应在同一批次产品中采集样品，每件样品的采样量应满足微生物指标检验的要求，一般不少于 500g（mL）。

7.2.2 独立包装不大于 500g 的固态产品或不大于 500mL 的液态产品，取完整包装。

7.2.3 独立包装大于 500mL 的液态产品，应在采样前摇动或用无菌棒搅拌液体，使其达到均匀状态后采集适量样品，放入无菌采样容器内作为一个样品。

7.2.4 独立包装大于 500g 的固态产品，应用无菌采样器从同一包装的不同部分分别采取适量样品，放入同一个无菌采样容器内作为一件样品。

7.3 采集样品的贮存和运输

7.3.1 应尽快将样品送往实验室检验。

7.3.2 应在运输过程中保持样品完整。

7.3.3 应在接近原有贮存温度的条件下贮存样品，或采取必要措施防止样品中的微生物数量发生变化。

8 操作步骤

8.1 样品制备、增菌培养

称取 25g 样品（精确至 0.01g），加入装有 225 mL 改良 EC 肉汤的 500 mL 锥形瓶或无菌均质袋内，混匀后在（36±1）℃恒温培养箱内培养 18h～24h。

8.2 大肠杆菌 O157 模板 DNA 的提取

取 1mL 按 8.1 的步骤得到的增菌液，7 000g 离心 1 min，弃掉上清液，加入 500 mL ddH$_2$O 悬浮沉淀，7 000g 离心 1 min，弃掉上清液，重复一次，用 100μL ddH$_2$O 悬浮沉淀后放置于 100℃水浴锅中煮沸 10 min，7 000g 离心 1 min，取上清液；−20℃保存 3 个月备用。也可用等效的商品化 DNA 提取试剂盒提取 DNA，按照其说明提取制备大肠杆菌 O157 基因组 DNA。

8.3 环介导等温扩增

8.3.1 反应体系

在 200μL 的 PCR 反应管中依次加入 10×Bst DNA 聚合酶缓冲液 2.5 μL、dNTPs 1.5 μL、

MgCl$_2$ 1.25μL、引物溶液（外引物、内引物、环引物分别加入 0.25 μL、2 μL、1 μL）、模板 DNA 2 μL、Bst DNA 聚合酶 1 μL、甜菜碱 4 μL、MnCl$_2$、1 μL、钙黄绿素 1 μL，加入 ddH$_2$O 补足 25 μL。

8.3.2 反应过程

在（63±1）℃水浴锅或金属浴中放置 50 min。

8.4 空白对照、阴性对照、阳性对照设置

试样检测过程应同时设置阴性对照、阳性对照和空白对照。阴性对照为经确证无大肠杆菌 O157 的饲料，按 8.1～8.3 步骤操作；空白对照以水替代 DNA 模板，按照 8.3 步骤操作；阳性对照为大肠杆菌 O157 标准菌株接种于营养肉汤，在（36±1）℃培养 18h～24h 后，用无菌生理盐水稀释至 10^6 CFU/mL～10^8 CFU/mL（约麦氏浊度 0.4），按 8.2 提取基因组 DNA 作为模板，按 8.3 步骤操作。

8.5 结果观察

反应结束后，将反应管取出观察显色情况（不开盖）。

9 结果判定和表述

9.1.1 在空白对照管和阴性对照管反应液呈橙色，阳性对照管反应液呈绿色的情况下，检测条件成立，反之则本次实验无效。

9.1.2 样品反应管中液体呈橙色，可报告 25g 饲料中未检出大肠杆菌 O157；样品反应管中液体呈绿色，说明 25g 饲料中大肠杆菌 O157 初步筛选为阳性，需要按 GB 4789.36 中的操作步骤进一步确认样品增菌液，然后报告结果。

附　录　A

（资料性）

大肠杆菌 O157 靶基因序列

大肠杆菌 O157 靶基因序列（accession no AF16332.1）如下。

TCTCAATTCT　AACTAGGACC　GCAGAGGAAA　GAGAGGAATT
AAGGAATCAC　CTTGCAGATA　AACTCATCGA　AACAAGGCCA
GTTTTTTACC　CTGTCCACAC　GATGCCAATG　TACTCGGAAA
AATATCAAAA　GCACCCTATA　GCTGAGGATC　TTGGTTGGCG
TGGAATTAAT　TTACCTAGTT　TCCCCAGCCT　ATCGAATGAG
CAAGTTAT

ICS 65.120
CCS B 46

DB50

重 庆 市 地 方 标 准

DB50/T 1147—2021

猪用液态发酵饲料生产技术规程

2021-11-01 发布   2022-02-01 实施

重庆市市场监督管理局 发布

前　言

　　本文件按照 GB/T 1.1—2020《标准化工作导则　第 1 部分：标准化文件的结构和起草规则》的规定起草。

　　本文件由重庆市农业农村委员会提出并归口。

　　本文件起草单位：重庆市畜牧科学院、生物饲料开发国家工程研究中心。

　　本文件主要起草人员：刘志云、钟晓霞、官小凤、周晓容、杨飞云、姚焰础、黄健、黄金秀、王琪、刘世杰、邓雪娟。

猪用液态发酵饲料生产技术规程

1 范围

本文件规定了猪用液态发酵饲料生产中的原料选择、生产环境、主要设备、工艺流程、存储和使用等要求。

本文件适用于猪用液态发酵饲料的生产。

2 规范性引用文件

下列文件中的内容通过文中的规范性引用而构成本文件必不可少的条款。其中，注日期的引用文件，仅该日期对应的版本适用于本文件；不注日期的引用文件，其最新版本（包括所有的修改单）适用于本文件。

GB 3095　环境空气质量标准

GB 10468　水果和蔬菜产品 pH 值的测定方法

GB 13078　饲料卫生标准

NY/T 1444　微生物饲料添加剂技术通则

NY 5027　无公害食品　畜禽饮用水水质

饲料原料目录（农业农村部公告第 459 号）

饲料添加剂品种目录（2013）（农业农村部公告第 459 号）

3 术语和定义

下列术语和定义适用于本文件。

3.1

液态发酵饲料　fermented liquid feed

使用《饲料添加剂品种目录（2013）》允许使用的微生物菌种和《饲料原料目录》允许使用的饲料原料，通过发酵工程技术使饲料原料发酵而得到的总水分不低于 70% 的饲料。

4 原料选择

4.1 饲料原料

发酵所用的饲料原料应符合《饲料原料目录》和 GB 13078 的规定。主要包括以玉米、大麦、豆粕、麦麸等为代表的大宗饲料原料，以土豆皮、豆渣、柑橘渣、酒糟等为代表的地源性饲料原料。

4.2 添加剂

宜选用抑制杂菌增殖，促进发酵菌快速生长的添加剂。

4.3 发酵菌种

应符合《饲料添加剂品种目录（2013）》和 NY/T 1444 的规定。发酵菌种宜选用乳酸菌，其有效活菌数不低于 10^8 CFU/g。

5 生产环境

5.1 空气

发酵车间的空气应符合 GB 3095 中 4.2 的规定。

5.2 水

应符合 NY 5027 的规定。

5.3 车间

包含但不限于：

a) 相对隔离的发酵菌种培养室；

b) 饲料原料库；

c) 液态发酵设备间；

d) 检验室。

6 主要设备

包含但不限于：

a) 粉碎设备；

b) 搅拌混合设备；

c) 液体发酵设备；

d) 消毒或灭菌设备；

e) 菌种培养设备。

7 工艺流程

7.1 操作流程

操作流程见图 1。

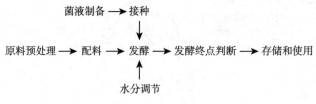

图 1 工艺流程图

7.2 饲料原料预处理

玉米、大麦、豆粕、麦麸等大宗饲料原料宜粉碎至 $400\mu m \sim 1\,500\mu m$。

土豆皮、豆渣、柑橘渣、酒糟等地源性饲料原料，根据原料特性进行筛分、粉碎、酶解或加热等预处理，使之处于易发酵状态。

7.3 配料

按照饲料配方需求，先将预处理后的饲料原料投入发酵容器中，再投入添加剂混合均匀。

7.4 发酵

7.4.1 发酵菌液制备

商用干粉状发酵剂宜活化后使用，非商用发酵剂宜活化、扩繁后使用。

7.4.2 接种

将制备好的发酵菌液或菌粉与发酵原料混合均匀，置于发酵容器中密封，混合后活菌数宜大于等于 $10^5 CFU/mL$。

7.4.3 水分调节

根据原料特性调节加水量，混合后总含水量宜高于 70%。

7.4.4 发酵温度

一般物料温度控制在 15℃～40℃。

7.4.5 发酵时间

发酵时间一般为 24h～72h。

7.4.6 发酵方式

兼性厌氧或厌氧液态发酵。

7.4.7 发酵终点判断

发酵终点的判定宜同时满足下列条件：

a) 外观色泽一致；

b) 发酵酸香味，无异味；

c) pH 在 3.7～4.5，检测方法按照 GB 10468 的规定执行；

d) 乳酸菌活菌数≥$1×10^7$ CFU/mL，检测方法按照附录 A 的规定执行。

8 存储和使用

制备好的液态发酵饲料密封存储。使用前应注意调制，确保营养均衡，然后进入饲喂端。

附 录 A

（规范性）

乳酸菌计数

A.1 设备和材料

除微生物实验室常规灭菌及培养设备外，其他设备和材料如下：

a) 恒温培养箱，（36±1）℃；

b) 冰箱，2℃～5℃；

c) 均质器及无菌均质袋、均质杯或灭菌乳钵；

d) 天平，感量 0.01g；

e) 无菌试管，18mm×180mm、15mm×100mm；

f) 无菌吸管，1mL（具 0.01mL 刻度）、10mL（具 0.1mL 刻度）或微量移液器及吸头；

g) 无菌锥形瓶，500mL、250mL。

A.2 试剂

所用试剂包含但不限于：

a) 氯化钠，分析纯；

b) 磷酸氢二钾（七水），分析纯；

c) 醋酸钠（三水），分析纯；

d) 柠檬酸三铵，分析纯；

e) 硫酸镁（七水），分析纯；

f) 硫酸锰（四水），分析纯；

g) 琼脂粉；

h) 牛肉粉；

i) 酵母粉；

j) 葡萄糖；

k) 吐温 80。

A.3 溶液及培养基的制备

A.3.1 生理盐水的制备

称取氯化钠 9g 加入 1 000mL 蒸馏水中，加热溶解，分装后以 121℃高压灭菌 15min～20min。

A.3.2 MRS 培养基的制备

A.3.2.1 称取蛋白胨 10.0g、牛肉粉 5.0g、酵母粉 4.0g、葡萄糖 20.0g、吐温 801.0mL、磷酸氢二钾 2.0g、醋酸钠 5.0g、柠檬酸三铵 2.0g、硫酸镁 0.2g、硫酸锰 0.05g、琼脂粉 15.0g。

A.3.2.2 将上述成分加入 1 000mL 蒸馏水中，加热溶解，调节 pH 至 6.2±0.2，分装后以 121℃高压灭菌 15min～20min。

A.4 操作步骤

A.4.1 样品匀液的制备

将液态发酵饲料样品充分混匀后，以无菌吸管吸取样品 25mL 放入装有 225mL 生理盐水的无菌锥形瓶（瓶内预置适当数量的无菌玻璃珠）中，充分振摇，制成 1∶10 的样品匀液。

A.4.2 稀释

A.4.2.1 用 1mL 无菌吸管或微量移液器吸取 1∶10 样品匀液 1mL，沿管壁缓慢注于装有 9mL 生理

盐水 的无菌试管中（注意吸管尖端不要触及稀释液），振摇试管或换用1支无菌吸管反复吹打，使其混合均匀，制成1：100的样品匀液。

A.4.2.2　另取1mL无菌吸管或微量移液器吸头，按上述操作顺序，做10倍递增样品匀液，每递增稀释一次，即换用1次1mL灭菌吸管或吸头。

A.4.3　乳酸菌计数

根据待检样品活菌总数估计，选择2个～3个连续的适宜稀释度，每个稀释度吸取1mL样品匀液于灭菌平皿内，每个稀释度做2个平皿。稀释液移入平皿后，将冷却至48℃的MRS琼脂培养基倾注入平皿15mL，转动平皿，使之混合均匀。（36±1）℃厌氧培养（72±2）h。从样品稀释到平板倾注，要求在15min内完成。

A.4.4　菌落计数

A.4.4.1　菌落计数以菌落形成单位（colony-forming units，CFU）表示。每个稀释度的菌落数应采用2个平板的平均数。可用肉眼观察，必要时用放大镜或菌落计数器，记录稀释倍数和相应的菌落数量。

A.4.4.2　选取菌落数在30CFU～300CFU，无蔓延菌落生长的平板计算菌落总数。低于30CFU的平板记录具体菌落数，大于300CFU的可记录为多不可计。每个稀释度的菌落数应采用2个平板的平均数。

A.4.4.3　其中一个平板有较大片状菌落生长时，不宜采用，应以无片状菌落生长的平板计算该稀释度的菌落数，若片状菌落不到平板的一半，而其余一半中菌落分布均匀，即可计算半个平板后乘以2，代表1个平板的菌落数。

A.4.4.4　当平板上出现菌落间无明显界线的链状生长时，将每条单链作为1个菌落计数。

A.5　结果表述

A.5.1　若只有1个稀释度平板上的菌落数在适宜计数范围内，计算2个平板菌落数的平均值，再将平均值乘以相应稀释倍数，作为每g或每mL中菌落总数结果。

A.5.2　有2个连续稀释度的平板菌落数在适宜计数范围内时，按下列公式计算：

$$N = \frac{\sum C}{(n_1 + 0.1n_2)d}$$

式中：

N——样品中菌落数；

$\sum C$——平板（含适宜范围菌落数的平板）菌落数之和；

n_1——稀释度（低稀释倍数）平板个数；

n_2——第二稀释度（高稀释倍数）平板个数；

d——稀释因子（第一稀释度）。

A.5.3　若所有稀释度的平板上菌落数均大于300CFU，则选取稀释度最高的平板计数，其他平板可记录为多不可计，结果按平均菌落数乘以最高稀释倍数计算。

A.5.4　若所有稀释度的平板菌落数均小于30CFU，则按稀释度最低的平均菌落数乘以稀释倍数计算。

A.5.5　若所有稀释度（包括液体样品原液）平板均无菌落生长，则以小于1乘以最低稀释倍数计算。

A.5.6　若所有稀释度的平板菌落数均不在30CFU～300CFU，其中一部分小于30CFU或大于300CFU，则以最接近30CFU或300CFU的平均菌落数乘以稀释倍数计算。

十、牧草

（27个）

ICS 65.120
B 46
备案号：30755—2011

DB50

重 庆 市 地 方 标 准

DB50/T 397—2011

扁穗牛鞭草种植技术规范

2021-08-01 发布

2011-09-01 实施

重庆市质量技术监督局 发布

前　言

本文件按照 GB/T 1.1—2009《标准化工作导则　第 1 部分：标准的结构和编写》的规定起草。

本文件由重庆市农业委员会提出并归口。

本文件起草单位：重庆市畜牧科学院、西南大学、重庆光大（集团）有限公司。

本文件主要起草人：张健、曾兵、蒋安、何玮、王琳、徐远东、周鹏、别应堂。

扁穗牛鞭草种植技术规范

1 范围

本文件规定了扁穗牛鞭草种植技术规范的术语和定义、种植范围、草地建植、草地管理及利用。本文件适用于扁穗牛鞭草生产。

2 规范性引用文件

下列文件对于本文件的应用是必不可少的。凡是注日期的引用文件，仅注日期的版本适用于本文件。凡是不注日期的引用文件，其最新版本（包括所有的修改单）适用于本文件。

GB 4285—1989　农药安全使用标准

3 术语和定义

下列术语和定义适用于本文件。

3.1

扁穗牛鞭草

扁穗牛鞭草为禾本科牛鞭草属多年生草本植物，秆高 60cm～150cm，基部横卧地面；着土后节处易　生根，有分枝。叶片顶端渐尖，基部圆，无毛，边缘粗糙，叶片长 3cm～13cm、宽 3mm～8mm，叶鞘压扁、无毛，鞘口有疏毛。总状花序压扁，长 5cm～10cm，直立，深绿色，穗轴坚韧，不易断落，其节间近等长于无柄小穗，无柄小穗长 4mm～5mm。颖果蜡黄色。

3.2

青草

用于饲喂放牧家畜和刈割后作青饲料的新鲜饲草。

3.3

青干草

指适时收割的牧草或饲料作物，经自然或人工干燥调制而成的能长期贮存的青绿干草。

3.4

青贮饲料

指在厌氧条件下，经过乳酸菌发酵调制而成的可以长期保存的发酵饲料。

4 种植范围

适宜在海拔高度 1 000m 以下，年降水量大于 800mm 的热带、亚热带地区种植。

5 草地建植

5.1　土地选择及整理

5.1.1　土地选择

对土壤要求不严，范围内均能存活，以 pH6 为最好。选择土质肥沃，排灌方便，pH4～8，无遮阴，平坦的地块。

5.1.2　土地整理

天气晴朗时喷施除草剂，待杂草枯黄死亡后，将农家肥按每 667m² 1 500kg～2 000kg 或复合肥按每 667m² 10kg～15kg 均匀撒在地上，翻耕，深度 25cm～30cm，将肥料翻入土中作底肥，打碎土块，平整土面，除去杂草残枝和根系。

5.2 种植方式

主要采用无性繁殖方式。种植时选择大于 100d 的茎秆做种茎，将种茎切成 15cm～20cm 长茎段，每段含 2 节～3 节，开沟扦插，行距 35cm～40cm，株距 15cm～20cm。也可挖穴种植，穴深 15cm～20cm，种茎斜插，每穴 1 个～2 个茎段，每 667m² 用种茎为 10kg～200kg。

5.3 播种时间

春、夏、秋三季均可种植，以春末夏初栽植为最佳。扦插后及时浇水，若遇高温干旱天气，应浇水保湿。

6 草地管理

6.1 草地除杂

扦插后 30d 内除草 2 次，以后每隔 1 个月除杂草 1 次。

6.2 施肥

种植前，每 667m² 施腐熟农家肥 1 500kg～2 000kg 和复合肥 30kg 作底肥。每次刈割后于下雨天追肥，或将氮肥和农家肥兑水后施入用作追肥，每 667m² 施尿素 5kg～6kg，每年开春前在株丛间撒施 1 次有机肥。

6.3 病虫害防治

按照 GB 4285—1989《农药安全使用标准》的规定执行。

7 利用

7.1 青草

以青饲利用为主，草层高度达 60cm～80cm 时刈割利用，留茬高度为 3cm～5cm。每年可刈割 4 次～6 次，最后一次刈割应在第一次降霜以前完成。若是饲喂兔、鱼、鹅等，应在草层高度为 40cm 左右刈割。春季扁穗牛鞭草返青时应禁牧，秋季刈割后的再生草可轻牧。

7.2 青干草

主要采用草架干燥方法制作青干草。先在地面干燥 4h～10h，含水量降到 40%～50% 后，自下而上逐渐堆放。最后晾晒成含水量为 15%～18% 的干草。

7.3 青贮料

7.3.1 青贮原料准备

在抽穗期刈割，短期内摊晒，运输到青贮设施旁。将原料切短为 3cm～5cm，装填的青贮原料平均水分含量在 60%～70%。

7.3.2 青贮料装填与密封

将切短的青贮原料即时装填入窖内。装填时应逐层装入，每次装 20cm 厚，踩实、压紧，装填到高出窖面 0.5m 后，覆盖塑料薄膜密封并盖重物压实，最好在当天内装填完成。

7.3.3 开窖使用

青贮 25d 后可开窖使用。一旦开窖就要连续使用，每次取用的厚度在 15cm～20cm，取料后要立即用塑料薄膜密封。

ICS 65.120
B 46
备案号：30756—2011

DB50

重 庆 市 地 方 标 准

DB50/T 398—2011

皇竹草种植技术规范

2011-08-01发布

2011-09-01实施

重庆市质量技术监督局 发布

前　言

本文件按照 GB/T 1.1—2009《标准化工作导则　第 1 部分：标准的结构和编写》的规定起草。

本文件由重庆市农业委员会提出并归口。

本文件起草单位：西南大学、重庆光大（集团）有限公司、四川农业大学、重庆市畜牧科学院。

本文件主要起草人：曾兵、左福元、别应堂、张新全、张健、冉洪斌、王保全、韩玉竹、尹权为、黄琳凯、伍莲。

皇竹草种植技术规范

1 范围

本文件规定了皇竹草种植技术规范的术语和定义、种植范围、草地建植、草地管理及利用。

本文件适用于皇竹草生产。

2 规范性引用文件

下列文件对于本文件的应用是必不可少的。凡是注日期的引用文件，仅注日期的版本适用于本文件。凡是不注日期的引用文件，其最新版本（包括所有的修改单）适用于本文件。

GB 4285—1989 农药安全使用标准

3 术语和定义

下列术语和定义适用于本文件。

3.1

皇竹草

皇竹草是禾本科狼尾草属多年生牧草，由象草和非洲狼尾草杂交选育而成，又名杂交狼尾草、王草。植株高大，一般株高为 2.5m～3m，最高可达 5.0m，茎粗 2cm～3cm，节间长 10cm～15cm，叶宽 4cm～6cm，叶长 120cm～160cm，生长快；当年培栽的皇竹草分蘖 15 株～25 株，在第 2 年～3 年大多数有30 株～50株，多的可达 100 多株。皇竹草产量较高，品质较好，是饲养牲畜和鱼类的适宜饲草。皇竹草大田产量达每 667m² 15 000kg～25 000 kg。营养价值较高，拔节后期风干样中粗蛋白含量为 11.26%～15.75%，中性洗涤纤维 60.72%～63.23%，酸性洗涤纤维 48.35%～53.72%，粗脂肪 3.21%～4.24%，可溶性糖 2.82%～3.38%，粗灰分 9.32%～11.74%，钙 0.28%～0.60%，磷 0.30%～0.40%。适口性好，也可用于生产优质干草、草粉、青贮，适用于养殖牛、羊等草食畜禽。

3.2

青草

用于饲喂放牧家畜和刈割后作青饲料的新鲜饲草。

3.3

青干草

指适时收割的牧草或饲用作物，经自然或人工干燥调制而成的水分含量≤14%，能长期贮存的青绿干草。

3.4

青贮饲料

指在厌氧条件下，经过乳酸菌发酵调制而成的可以长期保存的发酵饲料。

4 种植范围

适宜在海拔高度 800m 以下地区种植。

5　草地建植

5.1　土地选择及整理

5.1.1　土地选择

对土壤要求不严，以沙壤土或壤土为宜，pH6～7。选择土质肥沃，排灌方便，无遮阴，平坦的地块。

5.1.2　土地整理

天气晴朗时喷施除草剂，待杂草枯黄死亡后，将农家肥按每 667m² 2 000kg 或复合肥按每 667m² 10kg～15kg 均匀撒在地上，翻耕，深度 25cm～30cm，将肥料翻入土中作底肥，打碎土块，平整土面，除去杂草残枝和根系。

5.2　种植方式

主要采用无性繁殖方式。选择生长 6 个月以上的粗壮、无病虫害的茎秆做种茎，撕去包裹腋芽的叶片，将种茎切成茎段，每段最好含 3 节～4 节，开沟扦插。种茎直插、斜插或平栽，直插和斜插应保证 1 节～2 节埋入土中，平栽覆土深度 3cm～5cm，种节芽孢朝上。株行距按 60cm×60cm 打穴（窝）。应选择在早晨或下午种植并及时浇水，若遇高温干旱天气，还应于第 3、第 4 日分别浇水 1 次。

5.3　种植时间

3 月—10 月均可种植，如考虑当年利用，可在 3 月—7 月种植。

6　草地管理

6.1　草地除杂

扦插后 30d 内除草 2 次，以后每隔 1 个月除杂草 1 次。

6.2　施肥

植株长到 60cm 左右时，追施 1 次有机肥或复合肥；每次刈割后结合松土、浇水追肥 1 次，每 667m² 每次追施 5kg～10kg 尿素或碳铵。入冬前收割最后一茬后，以农家肥为主施 1 次冬肥，农家肥施用量为每 667m² 1 000kg～1 200kg。

6.3　病虫害防治

按照 GB 4285—1989《农药安全使用标准》的规定执行。

7　利用

7.1　青草

青饲喂牛、羊等反刍家畜时，植株适宜刈割高度为 100cm～120cm，留茬高度为 10cm～15cm，1 年可刈割 5 次～6 次；喂草鱼时，植株适宜刈割高度为 60cm～80cm，1 年可刈割 6 次～8 次。用于青贮时，植株适宜刈割高度为 180cm～200cm，1 年可刈割 2 次～3 次。

7.2　青干草

主要采用草架干燥方法制作青干草。先在地面干燥 4h～10h，含水量降到 40%～50% 后，自下而上逐渐堆放。最后晾晒成含水量 15% 左右的干草。

7.3　青贮料

7.3.1　青贮原料准备

在抽穗期刈割，短期内摊晒，运输到青贮设施旁。将原料切短为 3cm～5cm，装填的青贮原料平均水分含量在 60%～70%。

7.3.2　青贮料装填与密封

将切短的青贮原料即时装填入窖内。装填时应逐层装入，每次装 20cm 厚，踩实、压紧，装填到高出窖面 0.5m 后，覆盖塑料薄膜密封，并盖重物压实，最好在当天内装填完成。

7.3.3 开窖使用

青贮 30d 后可开窖使用。一旦开窖就要连续使用，每次取用的厚度在 15cm～20cm，取料后要立即用塑料薄膜密封。

_____

ICS 65.120
B 46
备案号：30757—2011

DB50

重 庆 市 地 方 标 准

DB50/T 399—2011

甜高粱种植技术规范

2011-08-01 发布   2011-09-01 实施

重庆市质量技术监督局 发布

前　言

本文件按 BG/T 1.1—2009《标准化工作导则　第 1 部分：标准的结构和编写》的规定起草。

本文件由重庆市农业委员会提出并归口。

本文件起草单位：西南大学、重庆光大（集团）有限公司、四川农业大学、百绿国际草业（北京）有限公司。

本文件主要起草人：曾兵、左福元、别应堂、张新全、张健、王保全、冉洪斌、韩玉竹、尹权为、黄琳凯、陈谷、杨江山、伍莲、邰建辉。

甜高粱种植技术规范

1 范围

本文件规定了甜高粱种植技术规范的术语和定义、种植范围、草地建植、草地管理及利用。

本文件适用于甜高粱生产。

2 规范性引用文件

下列文件对于本文件的应用是必不可少的。凡是注日期的引用文件，仅注日期的版本适用于本文件。凡是不注日期的引用文件，其最新版本（包括所有的修改单）适用于本文件。

GB 4285—1989 农药安全使用标准

3 术语和定义

下列术语和定义适用于本文件。

3.1

甜高粱

为禾本科高粱属一年生饲用作物。植株高大，一般株高 2m～4m，叶片宽度 5cm～8cm，长度 80cm～120cm，单株分蘖 6 个～10 个，再生速度快，属于暖季型高产牧草。甜高粱产草量较高，大田鲜草产量最高可达 105 000kg/hm²～150 000kg/hm²。营养价值较高，拔节后期风干样中粗蛋白含量为 12.15%～18.05%，中性洗涤纤维 54.69%～63.09%，酸性洗涤纤维 39.38%～54.51%，粗脂肪 3.85%～4.50%，可溶性糖 2.65%～3.44%，粗灰分 9.80%～12.20%，钙 0.48%～0.61%，磷 0.30%～0.54%。适口性好，也可用于生产优质干草、草粉、青贮，适用于养殖牛、羊等草食畜禽。

3.2

青草

用于饲喂放牧家畜和刈割后作青饲料的新鲜饲草。

3.3

青干草

指适时收割的牧草或饲料作物，经自然或人工干燥调制而成的能长期贮存的青绿干草。

3.4

青贮饲料

指在厌氧条件下，经过乳酸菌发酵调制而成的可以长期保存的发酵饲料。

4 种植范围

适宜在海拔高度 1 000m 以下地区种植。

5 草地建植

5.1 土地选择及整理

5.1.1 土地选择

对土壤要求不严，以沙壤土或壤土为宜，pH6～7。选择土质肥沃，排灌方便，不易积水，无遮阴，平坦的地块。

5.1.2 土地整理

天气晴朗时喷施除草剂，待杂草枯黄死亡后，将农家肥按每667m² 2 000kg均匀撒在地上，翻耕，深度25cm～30cm，将肥料翻入土中作底肥，打碎土块，平整土面，除去杂草残枝和根系。

5.2 种植方式

主要采用种子直播方式。以条播为宜，播种量为每667m² 1.5kg～2.0kg。行距40cm～50cm，播深3cm～4cm，播后盖少量细土。应选择在早晨或下午种植并及时浇水，若遇高温干旱天气，还应于第3、第4日分别浇水1次。

5.3 种植时间

春播时间为3月—5月，要求表土10cm处地温达到12℃～14℃。

6 草地管理

6.1 草地除杂

种植后1个月内除杂草1次～2次，以后根据实际情况安排除杂草。

6.2 施肥

植株长到30cm左右，即5片～6片叶时，每667m² 追施1次复合肥10kg～15kg；每次刈割后结合松土、浇水追肥1次，每667m² 每次追肥量为25kg～30kg尿素或碳铵。

6.3 病虫害防治

按照GB 4285—1989《农药安全使用标准》的规定执行。

7 利用

7.1 青草

作青饲饲喂牛、羊等反刍家畜时，植株适宜刈割高度为120cm～140cm，留茬高度为15cm～20cm，1年可刈割3次～4次；喂鹅、草鱼时，植株适宜刈割高度为80cm～100cm，1年可刈割6次～8次。用于青贮时，植株适宜刈割高度为180cm～200cm，1年可刈割2次。

幼苗期刈割的甜高粱青饲可能导致氢氰酸中毒，应在植株高度大于50cm时刈割利用，或刈割晾晒后饲喂，可降低氢氰酸中毒风险。

7.2 青干草

主要采用草架干燥方法制作青干草。先在地面干燥4h～10h，含水量降到40％～50％后，自下而上逐渐堆放，最后晾晒成含水量15％左右的干草。

7.3 青贮料

7.3.1 青贮原料准备

在抽穗期刈割，短期内摊晒，运输到青贮设施旁。将原料切短为3cm～5cm，装填的青贮原料平均水分含量在60％～70％。

7.3.2 青贮料装填与密封

将切短的青贮原料即时装填入窖内。装填时应逐层装入，每次装20cm厚，踩实、压紧，装填到高出窖面0.5m后，覆盖塑料薄膜密封，并盖重物压实，最好在当天内装填完成。

7.3.3 开窖使用

青贮30d后可开窖使用。一旦开窖就要连续使用，每次取用的厚度在15cm～20cm，取料后要立即用塑料薄膜密封。

ICS 65.120
B 46
备案号：31627—2011

DB50

重 庆 市 地 方 标 准

DB50/T 409—2011

白三叶种植技术规范

2012-01-01 发布

2012-01-01 实施

重庆市质量技术监督局 发布

前　言

本文件按照 GB/T 1.1—2009《标准化工作导则　第 1 部分：标准的结构和编写》的规定起草。

本文件由重庆市农业委员会提出并归口。

本文件起草单位：重庆光大（集团）公司、西南大学、四川农业大学。

本文件主要起草人：别应堂、曾兵、张新全、冉洪斌、黄琳凯、彭燕、黄润生、韩玉竹、何乔、徐祝。

白三叶种植技术规范

1 范围

本文件规定了白三叶种植技术规范的术语和定义、种植范围、草地建植、草地管理及利用。

本文件适用于白三叶牧草生产。

2 规范性引用文件

下列文件对于本文件的应用是必不可少的。凡是注日期的引用文件，仅注日期的版本适用于本文件。凡是不注日期的引用文件，其最新版本（包括所有的修改单）适用于本文件。

GB 4285 农药安全使用标准

3 术语和定义

下列术语和定义适用于本文件。

3.1

白三叶

为豆科车轴草属多年生草本植物。茎实心，光滑细软，匍匐生长，有明显的节和节间，有二、三级分枝，每节能生出不定根。叶柄细长，掌状三出复叶，叶面中央常有"V"形白斑，叶缘有细锯齿。

白三叶茎叶柔嫩，开花前的白三叶干物质中粗蛋白含量高达28.7%，粗纤维较低，为15.7%，是经济价值和营养价值俱高的蛋白质饲料植物。能通过种茎无性繁殖，也能以种子繁殖，是温带和亚热带地区多年生人工草地的优良牧草之一，可以与黑麦草、鸭茅、猫尾草、羊茅等多种禾本科牧草混播。适口性好，可用作牛、羊、兔、猪和鸡、鸭等畜禽的青饲或生产优质干草、草粉、青贮。也是城市、庭院绿化与水土保持的优良草种。

3.2

青草

指天然水分含量等于或高于60%的青绿多汁饲草。主要包括天然牧草、人工栽培牧草、青饲作物。

3.3

青干草

指适时收割的牧草或饲料作物，经自然或人工干燥调制而成，能保存一定时间的青绿干草。

3.4

青贮饲料

指将新鲜的青饲料切短装入密封容器中，经过微生物发酵作用，制成一种具有特殊芳香气味、营养丰富的多汁饲料。

4 种植范围

适宜在重庆境内种植。

5 草地建植

5.1 土地选择

对土壤要求不严，以沙壤土或壤土为宜，pH6～7。选择土质肥沃，排灌方便，不易积水，无遮阴，平坦的地块。

5.2 土地整理

将农家肥按每 667m² 1 500kg 均匀撒在地上，翻耕，深度 25cm～30cm，将肥料翻入土中作底肥，打碎土块，平整土面，除去杂草残枝和根系。

5.3 种植方式

可以采用种子直播或匍匐茎扦插繁殖。生产上主要采用种子直播方式，以撒播为主，播种量为每 667m² 0.7kg～1.0kg，播深 1cm～1.5cm，播后盖少量细土。老茎扦插种植应在早晨或下午进行，并及时浇水，若遇高温干旱天气，视情况多浇水几次。

建植放牧草地宜和禾本科牧草混播，白三叶与禾本科牧草以保持 1∶2 的比例为宜，这样既可获得单位面积最高干物质和蛋白质产量，又可防止牛、羊等食入过量的白三叶引起臌胀病。

5.4 种植时间

春播或秋播，春播 3 月—5 月，秋播 9 月—11 月，要求表土 10cm 处地温达到 12℃～14℃。

6 草地管理

6.1 草地除杂

杂草对苗期的白三叶危害较大，种植后 1 个月内除杂草 2 次～3 次，以后根据实际情况安排除杂草。

6.2 施肥

应采用测土配方施肥，植株长到 5 片～6 片叶时，每 667m² 追施 1 次复合肥 10kg～15kg；每次刈割后结合松土、浇水追肥 1 次，每 667m² 每次追肥量为 5kg～10kg 尿素或碳铵。

6.3 病虫害防治

按照 GB 4285《农药安全使用标准》的规定执行。

7 利用

7.1 青草

春播种植当年可以刈割利用，秋播种植翌年后开始正常利用。白三叶作畜禽青饲时，草层适宜刈割高度为 30cm～40cm，留茬高度 3cm～5cm，1 年可刈割 5 次～6 次；喂鹅、草鱼时，植株适宜刈割高度为 20cm～30cm，1 年可刈割 7 次～8 次。

7.2 青干草

主要采用草架干燥方法制作青干草。先在地面干燥 4h～10h，含水量降到 40%～50% 后，自下而上逐渐堆放，最后晾晒成含水量 15% 左右的干草。

7.3 青贮料

用于青贮时，植株适宜刈割高度为 40cm～50cm，1 年可刈割 2 次～3 次。

白三叶青贮宜和禾本科牧草混贮，鲜草重量混合比例为 1∶2，不宜单独青贮。

7.3.1 青贮原料准备

在开花期刈割，短期内摊晒，运输到青贮设施旁。将原料和禾本科牧草混合均匀后，切短为 3cm～5cm，装填的青贮原料平均水分含量在 60%～70%。

7.3.2 青贮料装填与密封

将切短的青贮原料即时装填入窖内。装填时应逐层装入，每次装 20cm 厚，踩实、压紧，装填到高出窖面 0.5m 后，覆盖塑料薄膜密封，并盖重物压实，最好在当天内装填完成。

7.3.3 开窖使用

青贮 30d～40d 后可开窖使用。一旦开窖就要连续使用，每次取用的厚度在 15cm～20cm，取料后要立即用塑料薄膜密封。

ICS 65.120
B 46
备案号：31628—2011

DB50

重 庆 市 地 方 标 准

DB50/T 410—2011

菊苣种植技术规范

2012-01-01 发布   2012-01-01 实施

重庆市质量技术监督局 发布

前　言

本文件按照 GB/T 1.1—2009《标准化工作导则　第 1 部分：标准的结构和编写》的规定起草。

本文件由重庆市农业委员会提出并归口。

本文件起草单位：重庆光大（集团）公司、西南大学、四川农业大学。

本文件主要起草人：别应堂、曾兵、张新全、冉洪斌、黄琳凯、黄润生、何乔、徐祝、韩玉竹、彭燕。

菊苣种植技术规范

1 范围

本文件规定了菊苣种植技术规范的术语和定义、种植范围、草地建植、草地管理及利用内容。
本文件适用于菊苣牧草生产。

2 规范性引用文件

下列文件对于本文件的应用是必不可少的。凡是注日期的引用文件，仅注日期的版本适用于本文件，凡是不注日期的引用文件，其最新版本（包括所有的修改单）适用于本文件。

GB 4285　农药安全使用标准

3 术语和定义

下列术语和定义适用于本文件。

3.1

菊苣

为菊科菊苣属多年生草本植物，植株直立；营养期为莲座叶丛型，主茎直立，中空，具条棱并疏具绢毛；莲座叶丛期株高80cm左右；抽薹开花期达180cm～250cm。基生叶为翠绿色，叶片宽大，长10.0cm～45.0cm，宽9.8cm～11.1cm，基本不分裂；茎生叶均较小，披针形、全缘、互生。主根长而粗壮、肉质；侧根粗壮发达，水平或斜向下分布。头状花序单生于枝端或2个～3个簇生于叶腋；每个花序由16朵～21朵花组成，花舌状，蓝紫色，花期长达4个月；种子细小，顶端截平，楔形，种子成熟为褐色，种子千粒重1.2g～1.5g。菊苣喜温暖湿润气候，适宜温度为15℃～30℃。抗逆性强，耐寒性能良好。夏季高温，只要水、肥充足，仍具有较强的再生能力。抗旱性能较好，较耐盐碱，喜肥喜水，对氮肥敏感。适口性好，可用作牛、羊、兔、猪和鸡、鸭等畜禽青饲。

3.2

青草

指天然水分含量等于或高于60%的青绿多汁饲草。主要包含天然牧草、人工栽培牧草、青饲作物。

4 种植范围

适宜在重庆市境内海拔2 000m以下地方种植，海拔400m～1 600m为最适种植区。

5 草地建植

5.1 土地选择

对土壤要求不严，以沙壤土或壤土为宜，pH6～7。选择土质肥沃，排灌方便，无遮阴，平坦的地块，严禁积水，低洼易涝地区易烂根。

5.2 土地整理

将农家肥按每667m² 2 500kg～3 000kg均匀撒在地上，同时清除石块、铁屑等杂物。翻耕，深度25cm～30cm，将肥料翻入土中作底肥，打碎土块，平整土面，除去杂草残枝和根系。

5.3 种植方式

可以采用种子直播或育苗移栽。生产上主要采用种子直播，条播播种量为每667m² 250g～400g，行距 30cm，株距 20cm，撒播播种量为每 667m² 400g～500g，穴播播种量为每 667m² 150g～250g，育苗移栽用种量为每 667m² 50g～100g，穴播 30cm×20cm，每穴留苗 1 株～2 株。播深 1.5cm～2cm，播后盖少量细土。应选择在早晨或下午种植；并及时浇水，若遇高温干旱天气，视情况多浇水几次。

5.4 种植时间

春播、夏播或秋播，要求表土 10cm 处地温达到 12℃～14℃。

6 草地管理

6.1 草地除杂

种植后 1 个月内除杂草 1 次～2 次，以后根据实际情况安排除杂草。

6.2 施肥

应开展测土配方施肥，播种时，每 667m² 施 25kg～30kg 过磷酸钙，施尿素 10kg～15kg。每次刈割后结合松土浇水追肥 1 次，每次追肥量为每 667m² 25kg～30kg 尿素或碳铵。

6.3 间苗与定苗

采用条播、撒播及穴播的应及时匀苗和定苗。在幼苗长出 2 片真叶时匀苗，匀苗的苗间距以 5cm～7cm 为宜。达到 4 片～6 片真叶时，应该及时定苗，苗间距为 15cm～20cm，做到"四去四留"，即去弱留壮、去小留齐、去病留健、去杂留纯，同时拨净田间杂草。苗不足的要及时补苗。

6.4 病虫害防治

按照 GB 4285—1989《农药安全使用标准》的规定执行。

7 利用

菊苣作青饲饲喂畜禽时，草层适宜刈割高度为 30cm～40cm，留茬高度 3cm～5cm，1 年可刈割 5 次～6 次；喂鹅、草鱼时，植株适宜刈割高度 20cm～30cm，1 年可刈割 7 次～8 次。用于青贮时，植株适宜刈割高度为 40cm～50cm，1 年可刈割 2 次～3 次。

采取斜刀口方式刈割。30d 左右刈割 1 次，春季和初夏，15d～20d 即可刈割 1 次，留茬高度 5cm～6cm。秋季最后一次刈割在早霜来临前，留茬高度要高些。宜在晴天收割，严禁雨天收割。

———————————

ICS 65.120
B 46
备案号：35756—2013

DB50

重 庆 市 地 方 标 准

DB50/T 476—2012

多花黑麦草种植技术规范

2012-12-30 发布   2013-03-01 实施

重庆市质量技术监督局 发布

前　言

本文件按照 GB/T 1.1—2009《标准化工作导则　第 1 部分：标准的结构和编写》的规定起草。

本文件由重庆市农业委员会提出并归口。

本文件起草单位：西南大学、四川农业大学、重庆市畜牧科学院。

本文件主要起草人：曾兵、左福元、张新全、张健、尹权为、黄琳凯、王保全、韩玉竹、伍莲、梁欢、罗登、王胤晨。

多花黑麦草种植技术规范

1 范围

本文件规定了多花黑麦草种植的术语和定义，土地选择及整理、草地建植、草地管理及刈割等各项技术规范。

本文件适用于重庆境内多花黑麦草牧草生产。

2 规范性引用文件

下列文件对于本文件的应用是必不可少的。凡是注日期的引用文件，仅注日期的版本适用于本文件。凡是不注日期的引用文件，其最新版本（包括所有的修改单）适用于本文件。

GB 4285 农药安全使用标准

GB/T 8321（所有部分） 农药合理使用准则

3 术语和定义

下列术语和定义适用于本文件。

3.1

多花黑麦草 annual ryegrass

多花黑麦草又名一年生黑麦草或者意大利黑麦草，为禾本科黑麦草属一年生或越年生草本植物。根系发达致密，分蘖较多，直立，茎秆粗壮、圆形，发芽种子幼根在紫外线下发出荧光。耐湿和耐盐碱能力较强。草质好，适口性好。

3.2

青草 fresh forage

指用于饲喂放牧畜禽、刈割后作青饲料或加工成青干草、草块、草颗粒、青贮饲料的新鲜绿色饲草。

3.3

分蘖期 tillering stage

指50％植株分蘖的时期。

3.4

拔节期 jointing stage

指50％植株拔节的时期。

3.5

孕穗期 booting stage

指50％植株孕穗的时期。

4 土地选择及整理

4.1 土地选择

选择耕层深厚、土质良好的壤土或砂土。在肥沃、湿润、土层深厚的地方生长极为茂盛。土壤pH适应范围宽，最适为6.0～7.0。

4.2 土地整理

播种前人工除杂草或者在播前2周～3周喷洒灭生性除草剂，防治杂草，同时清除石块、铁屑等杂物。土地翻耕深度为 25cm～30cm，耕后耙平，要求土块细碎，土块直径≤1.5cm，地面平整，墒情好，使种子与土壤紧密接触，并挖好排水沟。以开厢种植为宜，开厢宽度 3m～5m，步道宽 25cm～35cm。耕作前应施基肥。基肥多为人畜粪尿，应充分腐熟，根据土壤肥力状况，施有机肥 15 000kg/hm²～22 500kg/hm²，或者施复合肥 600kg/hm²～750kg/hm²。

5 草地建植

5.1 播种时间

秋播在 9 月中旬到 11 月下旬，春播在 3 月上旬到 4 月中旬，以秋播为主。

5.2 播种方式

可撒播、条播或穴播，以条播为宜。条播行距 20cm～30cm，深 1.5cm～2.0cm；穴播株行距 20cm×30cm；3 种播种方式均需覆浅土并适当镇压，使种子与土壤紧密结合，覆土深度一般以 2cm 为宜。

5.3 播种量

穴播 15.00kg/hm² ～ 22.5kg/hm²，条播 15.0kg/hm² ～ 30.0kg/hm²，撒播 30.0kg/hm² ～ 37.5kg/hm²。

6 草地管理

6.1 草地除杂

苗期适时中耕除草。

6.2 浇水追肥

多花黑麦草喜水、喜肥。降雨量不足时灌溉，可明显提高产量。根据苗情，在分蘖期、拔节期及每次刈割后追施 75.00kg/hm²～150.00kg/hm² 尿素。依土壤水分情况适时排灌，拔节期灌溉 1 次最好，结合追肥或单独进行。若遇涝灾影响鸭茅正常生长，及时排涝。

6.3 病虫害防治

多花黑麦草易感染锈病和黑穗病等，按照 GB 4285 和 GB/T 8321（所有部分）的规定防治。

7 刈割利用

可在播种后 30d～50d 第一次刈割，以后视生长情况，每隔 30d～40d 可刈割 1 次，留茬高度不应低于 5cm，孕穗期刈割能获得产量较高和营养品质较好的新鲜牧草。

_____

ICS 65.120
B 46
备案号：35757—2013

DB50

重 庆 市 地 方 标 准

DB50/T 477—2012

鸭茅种植技术规范

2012-12-30 发布

2013-03-01 实施

重庆市质量技术监督局 发布

前　言

本文件按照 GB/T 1.1—2009《标准化工作导则　第 1 部分：标准的结构和编写》的规定起草。

本文件由重庆市农业委员会提出并归口。

本文件起草单位：西南大学、四川农业大学、重庆市畜牧科学院。

本文件主要起草人：曾兵、左福元、张新全、张健、黄琳凯、尹权为、王保全、韩玉竹、伍莲、梁欢、王胤晨、罗登。

鸭茅种植技术规范

1 范围

本文件规定了鸭茅种植的术语和定义，土地选择及整理、草地建植、草地管理及刈割等各项技术规范。

本文件适用于重庆境内鸭茅牧草生产。

2 规范性引用文件

下列文件对于本文件的应用是必不可少的。凡是注日期的引用文件，仅注日期的版本适用于本文件。凡是不注日期的引用文件，其最新版本（包括所有的修改单）适用于本文件。

GB 4285 农药安全使用标准

GB/T 8321（所有部分） 农药合理使用准则

3 术语和定义

下列术语和定义适用于本文件。

3.1

鸭茅 orchardgrass

鸭茅为禾本科鸭茅属多年生草本植物，耐荫，抗旱，耐瘠薄，耐热性差，不耐碱，再生性强。茎基部扁平，幼叶呈折叠状，断面呈"V"形。小穗着生于穗轴一侧，簇生于穗轴顶端，状似鸡爪，小穗含小花2朵～5朵，外稃顶端有短芒。种子梭形或扁舟形，黄褐色，千粒重1.0g～2.0g。

3.2

青草 fresh forage

指用于饲喂放牧畜禽、刈割后作青饲料或加工成青干草、草块、草颗粒、青贮饲料的新鲜绿色饲草。

3.3

分蘖期 tillering stage

指50％植株分蘖的时期。

3.4

拔节期 jointing stage

指50％植株拔节的时期。

3.5

孕穗期 booting stage

指50％植株孕穗的时期。

4 土地选择及整理

4.1 土地选择

选择耕层深厚、土质良好的黏壤土或沙壤土。要求pH5.5～7.5，最适土壤pH为6.0～7.0，肥力中等。

4.2 土地整理

播种前人工除杂草或者在播前2周～3周喷洒灭生性除草剂，防治杂草，同时清除石块、铁屑等杂物。土地翻耕深度为 25cm～30cm，耕后耙平，要求土块细碎，土块直径≤1.5cm，地面平整，墒情好，使种子与土壤紧密接触，并挖好排水沟。耕作前应施基肥。基肥多为人畜粪尿，应充分腐熟，根据土壤肥力状况，施有机肥 15 000kg/hm²～22 500kg/hm²，或者施复合肥 600kg/hm²～750kg/hm²。

5 草地建植

5.1 播种时间

春播在 3 月—4 月，秋播在 9 月上旬至 10 月中旬，建议秋播。

5.2 播种方式

条播或穴播。条播行距 25cm～35cm，播幅 3cm～5cm；穴播株行距 20cm×30cm，均为播深 1cm～1.5cm。覆盖细土，用细土拌草木灰覆盖种子更佳。播后覆土浇水，以利发芽。要求浇水轻缓，防止种子冲积成堆。

5.3 播种量

15.00kg/hm²～18.75kg/hm²。

6 草地管理

6.1 草地除杂

苗期适时中耕除草。

6.2 浇水追肥

根据苗情，在分蘖期、拔节期及每次刈割后追施 75.00kg/hm²～150.00kg/hm² 尿素。依土壤水分情况适时排灌，拔节期灌溉 1 次最好，结合追肥或单独进行。若遇涝灾影响鸭茅正常生长，及时排涝。

6.3 病虫害防治

鸭茅常见病害为锈病、叶斑病、条纹病、纹枯病等，按照 GB 4285 和 GB/T 8321（所有部分）的规定防治。

7 刈割利用

可在播种后 40d～50d 第一次刈割，以后视生长情况，每隔 30d～50d 可刈割 1 次，留茬高度不应低于 5cm，孕穗期刈割能获得产量较高和营养品质较好的新鲜牧草。

ICS 65.120
B 46
备案号：35758—2013

DB50

重 庆 市 地 方 标 准

DB50/T 478—2012

鸭茅种子生产技术规程

2012-12-30 发布

2013-03-01 实施

重庆市质量技术监督局 发布

前　言

本文件按照 GB/T 1.1—2009《标准化工作导则　第 1 部分：标准的结构和编写》的规定起草。

本文件由重庆市农业委员会提出并归口。

本文件起草单位：西南大学、四川农业大学、重庆市畜牧科学院。

本文件主要起草人：曾兵、左福元、张新全、张健、尹权为、黄琳凯、王保全、韩玉竹、伍莲、梁欢、王胤晨、罗登。

鸭茅种子生产技术规程

1 范围

本文件规定了鸭茅种子生产的术语和定义、种子生产者、种源要求和生产年限、隔离要求、栽培要点、种子包装等。

本文件适用于商用鸭茅种子的生产。

2 规范性引用文件

下列文件对于本文件的应用是必不可少的。凡是注日期的引用文件，仅注日期的版本适用于本文件。凡是不注日期的引用文件，其最新版本（包括所有的修改单）适用于本文件。

GB 6142 禾本科草种子质量分级

GB 4285 农药安全使用标准

GB/T 8321（所有部分） 农药合理使用准则

NY/T 1210 牧草与草坪草种子认证规程

NY/T 1235 牧草与草坪草种子清选技术规程

NY/T 1577 草籽包装与标识

3 术语和定义

下列术语和定义适用于本文件。

3.1

鸭茅 orchardgrass

鸭茅为禾本科鸭茅属多年生草本植物，耐荫，抗旱，耐瘠薄，耐热性差，不耐碱，再生性强。茎基部扁平，幼叶呈折叠状，断面呈"V"形。小穗着生于穗轴一侧，簇生于穗轴顶端，状似鸡爪，小穗含小花 2 朵～5 朵，外稃顶端有短芒。种子梭形或扁舟形，黄褐色，千粒重 1.0g～2.0g。

3.2

原种 breeder's seed

经全国牧草品种审定委员会认定，由育种者（或单位）育成的用于生产其他级别种子的原始材料。

3.3

基础种子 foundation seed

由原种扩繁，生产和加工受育种者单位和个人或其代理机构的指导和监督，按照种子认证机构制定的程序生产，以确保种子的基因纯度和真实性。

3.4

审定种子 certified seed

由基础种子生产的用于建植草地的种子。由原种直接生产的，不能满足基础种质量要求，但尚可满足审定种质量要求的种子，可降级作为审定种子。

3.5

分蘖期 tillering stage

指 50% 植株分蘖的时期。

3.6

拔节期　jointing stage

指 50％植株拔节的时期。

3.7

孕穗期　booting stage

指 50％植株孕穗的时期。

3.8

初花期　initial flower stage

指 10％植株开花的时期。

3.9

盛花期　complete flower stage

指 80％植株开花的时期。

4　种子生产者

按照《中华人民共和国种子法》执行。

5　种源要求和生产年限

5.1　种源要求

牧草种子的生产采用自上而下逐级生产繁殖制，即由原种生产基础种子，由基础种子生产审定种子。可以隔级繁殖生产，即可以用原种直接生产审定种子。若发现某一级种子达不到欲生产级别种子的质量要求，可以将其降级。如原计划用原种生产基础种子的种子生产田，在检验（田间检验或室内检验）过程中发现其生产出来的种子达不到基础种子的要求，但能达到审定种子的要求，则可以降级作为审定种子。

5.2　生产年限

原种、基础种子、审定种子的最高繁殖世代数分别是 2 代、4 代、8 代。多年生牧草按规定生产一定年数的一个等级的种子之后，可降级生产低一级的种子。生产低一级种子时应遵照该等级种子生产的年限要求。

6　隔离要求

生产鸭茅种子的原种、基础种子、审定种子对不同种或近缘种前作间隔时间分别是 4 年、3 年、1 年。种子田隔离距离应大于等于 400 m。

7　栽培要点

7.1　环境条件

海拔 500m～1 500m，年降水量 500mm～1 200mm，适宜温度 21℃～28℃，收获期以干燥少雨、无风的天气为宜。

7.2　种子田选择

7.2.1　地段

选择平地或者缓坡地作为种子田。种子田地势开旷、通风良好、光照充足、阳坡或半阳坡，坡度应小于 10°，集中成片，排灌方便，交通便利，便于隔离。

7.2.2　土壤选择

选择耕层深厚、土质良好的壤土或沙壤土。pH 以 6.0～7.0 为宜，肥力中等。

7.3　播种

7.3.1　整地

播种前采用人工除杂草或者在播前 2 周～3 周喷洒灭生性除草剂，防治杂草，同时清除石块、铁

屑 等杂物。土地翻耕深度为 35cm～40cm，耕后耙平，要求土块细碎，土块直径≤1.5cm，地面平整，墒情好，使种子与土壤紧密接触，并挖好排水沟。

7.3.2 基肥

耕作前应施基肥。基肥多为充分腐熟的人畜粪尿，根据土壤肥力状况，施有机肥 15 000kg/hm² ～ 22 500kg/hm²，或者施复合肥 750kg/hm² ～1 000kg/hm²。

7.3.3 播种时间

秋播在 9 月上旬至 10 月中旬。

7.3.4 播种方式

条播，行距 30cm～40cm，播种深度 1.5cm～2.0cm，浅覆土 0.5cm～1.0cm。

7.3.5 播种量

10kg/hm² ～12kg/hm²。

7.3.6 播种深度

播深 1cm～1.5cm，覆盖细土，有条件的可用细土拌草木灰覆盖种子。

7.3.7 浇水

播后覆土浇水，让种子与土壤充分接触，以利发芽。要求浇水轻缓，防止种子冲积成堆。

7.4 田间管理

7.4.1 除杂去劣

抽穗后即可开展去杂、去劣工作，蜡熟期再根据穗部特征、植株高矮、成熟迟早等完成最后一次去杂。凡需除去的杂劣株，一律拔起后带出田间毁掉。

7.4.2 追肥

根据苗情，在分蘖期、拔节期、孕穗期适当追施氮磷钾肥。

7.4.3 灌溉与排涝

在拔节期灌溉 1 次，结合追肥或单独进行。孕穗至开花期灌溉 1 次～2 次。若遇涝灾影响鸭茅正常生长，及时排涝。

7.4.4 病虫害防治

鸭茅常见病害为锈病、叶斑病、条纹病、纹枯病等，按照 GB 4285 和 GB/T 8321（所有部分）的规定防治。

7.4.5 人工授粉

一般人工辅助授粉 1 次～2 次，间隔时间 3d～4d。

7.4.5.1 授粉时间

盛花期，晴天上午 6 点—7 点为最佳。

7.4.5.2 工具

绳索或竹竿。

7.4.5.3 方法

两人一组，将绳拉直，并排朝前走，轻轻从花序的 1/2 处平行掠过。竹竿同理。

7.5 种子收获

7.5.1 收种

种株茎秆接近穗序部分由青变黄，种穗黄褐色即成熟，80％种子成熟时即可收割种穗。应在无雾、无露水的晴朗、干燥天气进行。

7.5.2 晾晒干燥

收获后及时晾晒或采用机械干燥处理，使含水量降到 12％以下。

7.5.3 清选

种子的清选应按照 NY/T 1235 的规定进行。

7.5.4 分级

按照 GB 6142 的规定将种子质量分级。

8 种子包装

合格种子应包装，包装标识按 NY/T 1577 的规定执行。

ICS 65.120
B 25

DB50

重 庆 市 地 方 标 准

DB50/T 483—2012

玉米全株青贮技术规范

2013-02-01 发布　　　　　　　　　　　　　　2013-03-01 实施

重庆市质量技术监督局　 发布

前　言

本文件按照 GB/T 1.1—2009《标准化工作导则　第 1 部分：标准的结构和编写》的规定起草。

请注意本文件的某些内容可能涉及专利。本文件的发布机构不承担识别专利的责任。

本文件由重庆市农业委员会提出并归口。

本文件起草单位：重庆市畜牧技术推广总站。

本文件主要起草人：尹权为、李发玉、刘学福、李舸、陈东颖、张璐璐、周丽萍。

玉米全株青贮技术规范

1 范围

本文件规定了玉米全株青贮的术语和定义、器具设备、场地及设施准备、青贮料制作、青贮料取用。

本文件适用于重庆地区全株玉米池、壕装青贮及青贮料利用。

2 规范性引用文件

下列文件对于本文件的应用是必不可少的。凡是注日期的引用文件，仅注日期的版本适用于本文件。凡是不注日期的引用文件，其最新版本（包括所有的修改单）适用于本文件。

GB/T 4456—2008 包装用聚乙烯吹塑薄膜

3 术语和定义

下列术语和定义适用于本文件。

3.1

青贮型玉米 silage corn variety

经过选育的用于全株刈割制成青贮料饲喂牲畜的青贮型品种，有别于生产籽粒或其他型玉米品种。

3.2

乳熟期 milk stage

指 50％以上植株的籽粒内充满乳汁，并接近正常大小。

3.3

蜡熟期 ripening stage

指 50％以上植株籽粒的颜色接近正常颜色，内呈蜡状，用手指甲掐按玉米棒，籽粒无乳汁流出。

3.4

玉米全株青贮 whole-plant corn silage making

指在玉米乳熟期末至蜡熟期，将玉米茎叶和果穗一起铡碎，装入密封容器内压实封严，厌氧发酵后制成青贮饲料的过程。

4 器具设备

4.1 加工机具

宜采用玉米切碎机、揉搓机等。

4.2 薄膜

薄膜应符合 GB/T 4456—2008 的包装用薄膜标准。用无色薄膜，应采取遮光措施。厚度≥0.1mm 为宜。

4.3 压实物

青贮料压实环节宜采用沙袋、废旧轮胎、石块、砖块等压实材料。

5 场地及设施准备

5.1 选址

选择地势较高、排水方便、无积水、土质坚实且取用方便，远离水源和污染源的地方作为青贮场地。

5.2 建池、壕

根据土质、地下水等情况，可建地上或半地上永久池、壕。池、壕主体建筑采用水泥砂浆砌块（砖）石或混凝土浇筑；池底采用水泥砂浆砌石漫底，厚度均应大于等于 10cm。水平或竖直灰缝均要饱满、捣实；防止漏气。池、壕体拐角用水泥抹成圆弧状，内壁要垂直、光滑，便于青贮料沉降和排除空气。建造较大青贮池应考虑取料方便，在预留取料面设可拆卸式挡板。底部纵向应有 0.5％的下降坡度。

5.2.1 形状

宜为长方形，便于青贮料装填、管理和取用。

5.2.2 大小

青贮池、壕的宽、高（深）比以 1：（1.0～1.3）为宜；高（深）度不宜超过 6.5 m。池、壕的长和容积可根据青贮料的多少、养殖需要及场地来确定。

5.2.3 排水沟

池、壕内底部应设排水沟或管道，排水沟或管道口外部应低于内部，以便内部汁水排出；池、壕外沿应设排水沟渠，防止外部积水进入。

6 青贮料制作

6.1 原料选取

采用玉米的全株材料，以青贮型玉米全株材料为宜。

6.2 刈割时期

乳熟后期和蜡熟期刈割均可，以蜡熟期整株刈割为宜。

6.3 水分控制

水分含量控制在 65％～70％。全株刈割含水量较高时，可在田间适当摊晒 1h～3h，或在切短的原料中加入干草、秸秆、米糠等含水量少的原料。

6.4 切短

原料及时用切碎机切短或用揉搓机揉搓，切短长度以 1cm～3cm 为宜，揉搓长度可适当加长。切碎前应剔出腐烂、变质的玉米茎叶。

6.5 装填

原料切短后及时装填。宜采取边切短边装填的方法。一个池、壕应在 3d 内装窖完毕，当天或者一次不能装满，可立即为已装的原料盖上一层塑料薄膜，次日继续装填。青贮原料装满后，还应继续装填原料至高出池、壕的边缘 50cm～60cm，防止青贮料沉降后低于池、壕边，导致漏气或积水。

6.6 压实

装填时，每装 30cm～50cm 压实 1 次，青贮池、壕的四周和边角要随时压实，防止通气。用车辆压实时不应带进泥土、油垢、铁钉或铁丝等物，以免污染青贮料。

6.7 密封

装填完毕，用整块塑料薄膜封盖，再盖上厚度为 5cm～10cm 的已铡短的湿稻草等物，最后用压实物压实，防止空气进入导致霉变。池、壕顶隆起，呈馒头状，以利雨水排出。

6.8 管理

定期或不定期检查压实物是否缺失、薄膜是否遭鼠害等破坏，并及时修补破损。

7 青贮料取用

7.1 青贮时间

一般青贮 30d～40d，即可开封取用。

7.2 取料

开封时，从池、壕取料口一侧打开，按打开处垂直面逐层取料。若表层有霉烂，应清除霉烂部分。

7.3 封闭

每次取料后及时拉回薄膜密封，减少空气透入和雨淋日晒。青贮池、壕一旦开封取用，就应坚持每天取用，直至取用完整池、壕的料。防止二次发酵、霉烂等。

7.4 青贮料品质判定

优质青贮料呈青绿或黄绿色，有光泽；气味醇香或有果香味，并有弱酸味；拿到手中比较松散、柔软、湿润，无黏滑感。

7.5 青贮料饲喂

青贮料应随取随用，数量以当日喂完为准，饲喂量由少到多，逐渐增加。青贮料不能作为唯一的饲料喂养牲畜，应和其他饲料如精料、鲜草、干草合理搭配。母畜产前、产后 10d 内不宜饲喂青贮料。家畜拉稀要酌减或暂停饲喂青贮料。

ICS 65.020.01
B 25
备案号：43102—2014

DB50

重 庆 市 地 方 标 准

DB50/T 549—2014

多年生黑麦草种植技术规范

2014-06-25 发布

2014-08-01 实施

重庆市质量技术监督局 发布

前　言

　　本文件按照 GB/T 1.1—2009《标准化工作导则　第 1 部分：标准的结构和编写》的规定起草。

　　本文件由重庆市农业委员会提出。

　　本文件由重庆市畜牧标准化技术委员会归口。

　　本文件起草单位：西南大学、四川农业大学、贵州省草业研究所。

　　本文件主要起草人：曾兵、左福元、张新全、吴佳海、黄琳凯、尹权为、王保全、兰英、周沛、伍莲、李林祥、梁欢、袁扬。

多年生黑麦草种植技术规范

1 范围

本文件规定了多年生黑麦草种植的术语和定义、土地要求、种子选择及处理、草地建植、草地管理及刈割利用。

本文件适用于重庆市多年生黑麦草牧草生产。

2 规范性引用文件

下列文件对于本文件的应用是必不可少的。凡是注日期的引用文件，仅注日期的版本适用于本文件。凡是不注日期的引用文件，其最新版本（包括所有的修改单）适用于本文件。

GB 4285 农药安全使用标准

3 术语和定义

下列术语和定义适用于本文件。

3.1

多年生黑麦草 perennial ryegrass

为禾本科黑麦草属草本植物。其生长高度60cm～80cm，分蘖多，千粒重1.5g～2.0g，利用期5年～8年，适用于牛、羊、兔、鹅、鱼、猪等的养殖。

3.2

鲜草 fresh forage

用于饲喂放牧家畜、刈割后作青饲料或加工成青干草、草块、草颗粒、青贮饲料的新鲜、绿色饲草。

4 土地要求

4.1 土地选择

适合在海拔1 000m～2 000m地区种植，以1 200m左右为宜。选择耕层深厚、土质良好的黏壤土或沙壤土，肥力中等。土壤pH以6.0～7.0为宜。

4.2 土地整理

4.2.1 除杂

播种前人工除杂草或者在播前1周喷洒灭生性除草剂，防治杂草，同时清除杂物。

4.2.2 整地

土地翻耕深度为25cm～35cm，耕后耙平，细碎土块，土块直径≤1.5cm，地面平整，并开好排水沟。

4.2.3 施底肥

在耕作前应施基肥。基肥多为人畜粪尿，要求充分腐熟，根据土壤肥力状况，施有机肥15 000kg/hm²～22 500kg/hm²，或者施复合肥300kg/hm²～525kg/hm²。

5 种子选择及处理

种子应饱满、无杂质，纯净度不低于95%，符合国家相关法律法规和标准的规定。播前浸泡处理12h为宜。

6 草地建植

6.1 播种时期

春播在 3 月下旬至 4 月下旬，秋播在 8 月上旬至 10 月，以秋播为宜。

6.2 播种方式

撒播或条播，条播行距 25cm～35cm，播幅 3cm～5cm。播种应均匀。播深 1.5cm～2.0cm，覆盖细土，宜用细土拌草木灰覆盖种子。覆土后浇水应轻缓。适宜与白三叶等混种。

6.3 播种量

单播 15.0kg/hm²～22.5kg/hm²。多年生黑麦草与白三叶等豆科牧草混种时，可按 2：1 计算，多年生 黑麦草用种量为 12.5kg/hm²～18.0kg/hm²。

7 草地管理

7.1 中耕除杂

多年生黑麦草苗期生长缓慢，应注意适时中耕除杂草。

7.2 浇水追肥

根据苗情，在分蘖、拔节期和每次刈割后分别追施 75kg/hm²～150kg/hm² 尿素等速效性氮肥。幼穗形成期可酌情施用磷肥、钾肥。依土壤水分情况适时排灌，宜在拔节期灌溉 1 次，结合追肥或单独进行。若遇涝灾应及时排涝。

7.3 病虫害防治

多年生黑麦草常见病害为锈病、叶斑病、条纹病、纹枯病等，可用国家规定的药物防治，如喷施粉锈灵、代森锌等防治锈病，具体用药参照 GB 4285 的规定。

8 刈割利用

秋季播种，越夏前一般可刈割 2 次～3 次，留茬高度为 4cm～6cm，鲜草产量 60 t/hm²～75 t/hm²。春播当年刈割不超过 2 次，鲜草产量 30 t/hm² 左右。刈割时间以抽穗初期为宜。适用于牛、羊、兔、鹅、猪等的养殖。

ICS 65.020.01
B 25
备案号：43103—2014

DB50

重 庆 市 地 方 标 准

DB50/T 550—2014

多花黑麦草种子生产技术规程

2014-06-25 发布

2014-08-01 实施

重庆市质量技术监督局 发布

前　言

　　本文件按照 GB/T 1.1—2009《标准化工作导则　第 1 部分：标准的结构和编写》的规定起草。

　　本文件由重庆市农业委员会提出。

　　本文件由重庆市畜牧标准化技术委员会归口。

　　本文件起草单位：西南大学、贵州省草业研究所、四川农业大学。

　　本文件主要起草人：曾兵、左福元、张新全、吴佳海、黄琳凯、尹权为、王保全、兰英、周沛、伍莲、李林祥、梁欢、袁扬。

多花黑麦草种子生产技术规程

1 范围

本文件规定了多花黑麦草种子生产的术语和定义、种源要求和生产年限、隔离要求、种子生产技术要点、种子收获及加工、包装等。

本文件适用于重庆市境内多花黑麦草种子生产。

2 规范性引用文件

下列文件对于本文件的应用是必不可少的。凡是注日期的引用文件，仅注日期的版本适用于本文件。凡是不注日期的引用文件，其最新版本（包括所有的修改单）适用于本文件。

GB/T 2930.2—2001　牧草种子检验规程　净度分析

GB 4285　农药安全使用标准

GB 6142—2008　禾本科草种子质量分级

3 术语和定义

下列术语和定义适用于本文件。

3.1

多花黑麦草　annual ryegrass

为禾本科黑麦草属多花或越年生牧草。

3.2

原种　breeder's seed

经国家草品种审定委员会认定，由育种者（或单位）育成的用于生产其他级别种子的原始材料。

3.3

基础种　basic seed

在育种者或其代理的指导和监督下，按照种子审定机构制定的程序，由选定的种植者种植原种而生产的，确保种子的基因纯度和真实性的种子。

3.4

注册种子　registered seed

按照种子审定机构制定的程序，由种子种植者种植原原种和原种而生产的种子，确保了良好的基因纯度和真实性，可自由销售。

3.5

隔离　isolation

为防止同种不同品种或近缘种之间相互传粉造成品种混杂而分离开或隔开种植。

3.6

审定种　certified seed

由基础种生产的，用于建植草地的种子。由原种直接生产的，不能满足基础种质量要求，但尚可满足审定种质量要求的种子，可降级作为审定种。

3.7

商品种子　commercial seed

由最末一代审定种生产的，不能进入到审定制度的种子。

3.8

人工辅助授粉　artificial pollination

为提高异花授粉植物或常异花授粉植物的授粉率而采用的一种辅助授粉方法。

4　种源要求和生产年限

4.1　种源要求

牧草种子的生产采用自上而下逐级生产繁殖制，可以隔级繁殖生产，即可以用原种直接生产审定种。若发现某一级种子达不到欲生产级别种子的质量要求，可以将其降级。

4.2　生产年限

原种、基础种、审定种的最高繁殖世代数分别是 2 代、4 代和 8 代。生产低一级种子时应遵照该等级种子生产的年限要求。

5　隔离要求

生产多花黑麦草种子的原种、基础种、审定种对不同种或近缘种前作间隔时间分别是 4 年、3 年和 1 年。种子田空间隔离距离应大于 400 m。按照级别区分。

6　种子生产技术要点

6.1　气候条件

多花黑麦草在海拔 500m～1 500m 的地区均能种植及繁殖种子，生长最适宜温度为白天 21℃、夜间 12℃，温度高于 28℃时生长显著受阻。在强光（10 000lx）、低温（4.5℃）和短日照（10h）条件下，经 100d 春化作用，可促进多花黑麦草开花。成熟期以稳定、干燥、无风的天气为宜。

6.2　种子田选择

6.2.1　地块选择

选择交通便利、地势开阔、集中成片、排灌方便、便于隔离、通风良好、光照充足的地块作种子田。

6.2.2　土壤选择

选择耕层深厚、土质良好的黏壤土或沙壤土。pH6.0～7.0、肥力中等为宜。要求前作 4 年内未栽培多花黑麦草。

6.3　播种

6.3.1　整地

播种前人工除杂草或者在播前 1 周喷洒灭生性除草剂，防治杂草，同时清除石块、铁屑等杂物。土地翻耕深度为 25cm～30cm，耕后细耙至土块直径不大于 1.5cm，地面平整。挖好排水沟。

6.3.2　基肥

耕作前应根据土壤肥力状况，施充分腐熟的人畜粪尿 15 000kg/hm² ～22 500kg/hm²，或施复合肥 300kg/hm²～525kg/hm² 作基肥。

6.3.3　播种时间

9 月中旬至 10 月中旬。

6.3.4　播种方式

条播，行距 30cm～50cm，播幅 3cm～5cm。播种要求均匀。

6.3.5　播种量

9kg/hm² ～15kg/hm²。

6.3.6　播种深度

播深 1.0cm～1.5cm，宜用细土拌草木灰覆盖种子。

6.3.7 灌溉

播后浇水应轻缓，防止种子冲积成堆。

6.4 田间管理

6.4.1 除杂去劣

抽穗后即可开展除杂、去劣工作，蜡熟期再根据穗部特征、植株高矮、成熟早迟等完成最后一次去杂。拔出杂劣株带出田间毁掉。

6.4.2 追肥

根据苗情，在分蘖期、孕穗期分别追施尿素等速效性氮肥 75kg/hm² ～150kg/hm²。幼穗形成期可酌情 施用磷肥、钾肥，同时施以含适量钙、钼、锰等微量元素的肥料。

6.4.3 灌溉与排涝

宜在拔节期灌溉 1 次，结合追肥或单独进行。孕穗至开花期灌溉 1 次～2 次。遇涝灾及时排涝。

6.4.4 病虫害防治

多花黑麦草常见病害为锈病、叶斑病、条纹病、纹枯病等，常见的虫害为黏虫、蟓虫等，可用国家规定的药物防治，如喷施粉锈灵、代森锌等防治锈病，用敌杀死、速灭杀丁等防治虫害。同时注意在早期合理施肥、灌溉，以及选用无病虫害的种子播种。药物使用按 GB 4285 的规定执行。

6.5 人工授粉

一般人工辅助授粉 1 次～2 次，间隔时间为 3d～4d。盛花期，晴天上午 6 点—7 点为宜。以竹竿或绳索（将绳拉直如同竹竿）人工授粉，两人一组，并排朝前走，轻轻从花序的 1/2 处平行掠过。

7 种子收获及加工

7.1 收种

种子进入蜡熟期，种株茎秆接近穗序部分由青变黄，种穗黄褐色，70％种子成熟时即可收获。应在无雾、无露水的晴朗、干燥天气条件下进行。

7.2 晾晒干燥

收获后及时晾晒或采用机械干燥处理，含水量不超过 12％。

7.3 种子清选

用风筛清选和机械清选，达到 GB/T 2930.2—2001、GB 6142—2008 的要求。

7.4 种子分级

参照 GB 6142 的规定执行。

8 种子包装

8.1 标签

种子标签遵照《农作物种子标签管理办法》执行。

8.2 包装标识

种子外包装袋应标明品种名称、产地、生产日期、注意事项和生产厂商联系电话等。

ICS 65.020.01
B 25
备案号：43104—2014

DB50

重 庆 市 地 方 标 准

DB50/T 551—2014

苇状羊茅种植技术规范

2014-06-25 发布

2014-08-01 实施

重庆市质量技术监督局 发布

前　言

本文件按照 GB/T 1.1—2009《标准化工作导则　第 1 部分：标准的结构和编写》的规定起草。

本文件由重庆市农业委员会提出。

本文件由重庆市畜牧标准化技术委员会归口。

本文件起草单位：西南大学、四川农业大学、贵州省草业研究所。

本文件主要起草人：曾兵、左福元、张新全、吴佳海、黄琳凯、尹权为、王保全、兰英、周沛、伍莲、李林祥、梁欢、袁扬。

苇状羊茅种植技术规范

1 范围

本文件规定了苇状羊茅种植的术语和定义、土地要求、种子选择及处理、草地建植、草地管理及刈割利用。

本文件适用于重庆市苇状羊茅牧草生产。

2 规范性引用文件

下列文件对于本文件的应用是必不可少的。凡是注日期的引用文件，仅注日期的版本适用于本文件。凡是不注日期的引用文件，其最新版本（包括所有的修改单）适用于本文件。

GB 4285 农药安全使用标准

3 术语和定义

下列术语和定义适用于本文件。

3.1

苇状羊茅 tall fescue

为禾本科羊茅属多年生草本植物。植株高度80cm～180cm，种子千粒重2.5g左右。苇状羊茅抗寒、耐旱、耐湿、抗病，苗期生长较慢，分蘖能力强、越冬性好、翌年返青早、生长旺盛、草层密度大、叶量丰富。

3.2

鲜草 fresh forage

用于饲喂放牧家畜、刈割后作青饲料或加工成青干草、草块、草颗粒、青贮饲料的新鲜、绿色饲草。

4 土地要求

4.1 土地选择

选择土壤肥沃、土层深厚、向阳的地块，土壤pH以6.0～6.5为宜。

4.2 土地整理

4.2.1 除杂

播种前人工除杂草或者在播前1周喷洒灭生性除草剂，防治杂草，同时清除杂物。

4.2.2 整地

土地翻耕深度为25cm～35cm，耕后耙平，细碎土块，土块直径不大于1.5cm，地面平整，开好排水沟。

4.2.3 施底肥

在耕作前应施基肥。基肥多为人畜粪尿，要求充分腐熟，根据土壤肥力状况，施有机肥15 000kg/hm²～22 500kg/hm²，或者施复合肥300kg/hm²～525kg/hm²。

5 种子选择及处理

种子应饱满、无杂质，纯净度不低于95%，符合国家相关法律法规和标准的规定。播前浸泡处理12d为宜。

6 草地建植

6.1 播种时间

春播在 3 月下旬至 4 月下旬，秋播在 8 月上旬至 10 月，以秋播为宜。

6.2 播种方式

撒播或条播，条播行距 30cm～40cm，播幅 3cm～5cm。播种应均匀。播深 1.0cm～2.0cm，覆盖细土，宜用细土拌草木灰覆盖种子。覆土后浇水应轻缓。可与白三叶、红三叶、紫花苜蓿等豆科牧草和鸭茅、黑麦草等禾本科草种混播，其中禾本科牧草占 70%～75%，豆科草种占 25%～30%，由 2 个～4 个草种组合混播为宜。

6.3 播种量

单播 15.0kg/hm²～22.5kg/hm²。供放牧使用的苇状羊茅与豆科牧草混种时，禾豆比为 2：1，苇状羊茅用种量为 12.5kg/hm²～18.0kg/hm²。

7 草地管理

7.1 草地除杂

苇状羊茅苗期生长缓慢，应注意适时中耕除草。

7.2 浇水追肥

根据苗情，在分蘖期、拔节期和每次刈割后分别追施 75kg/hm²～150kg/hm² 尿素等速效性氮肥。幼穗形成期可酌情施用磷肥、钾肥。依土壤水分情况适时排灌，宜在拔节期灌溉 1 次，结合追肥或单独进行。若遇涝灾应及时排涝。

7.3 病虫害防治

播种应选择无病虫害的种子，早期注意合理施肥和灌溉，感病时可用 GB 4285 规定的药物防治，如喷施粉锈灵、代森锌等防治锈病。

8 刈割利用

秋季播种，越夏前一般可刈割 2 次～3 次，留茬高度为 6cm～8cm，鲜草产量 40 t/hm²～55 t/hm²。春播当年刈割不超过 3 次，鲜草产量 30 t/hm² 左右。刈割时间以抽穗初期为宜。适用于牛、羊、兔、鹅、猪等的养殖。

ICS 65.120
B 46
备案号：52550—2017

DB50

重 庆 市 地 方 标 准

DB50/T 736—2016

高丹草种植技术规范

2016-12-30 发布　　　　　　　　　　2017-05-01 实施

重庆市质量技术监督局　发布

前　言

本文件按照 GB/T 1.1—2009《标准化工作导则　第 1 部分：标准的结构和编写》给出的规定起草。

本文件由重庆市农业委员会提出并归口。

本文件起草单位：西南大学、贵州省草业研究所、四川农业大学。

本文件主要起草人：曾兵、吴佳海、左福元、张新全、黄琳凯、干友民、尹权为、牟琼、黄文明、王宝全、韩玉竹、张磊鑫、梁冰雪、杨叶梅、张雅洁。

高丹草种植技术规范

1 范围

本文件规定了高丹草种植的术语和定义、土地选择及整理、草地建植、草地管理及刈割利用。

本文件适用于重庆市境内的高丹草生产。

2 规范性引用文件

下列文件对于本文件的应用是必不可少的。凡是注日期的引用文件，仅注日期的版本适用于本文件。凡是不注日期的引用文件，其最新版本（包括所有的修改单）适用于本文件。

GB 4285　农药安全使用标准

GB/T 8321(所有部分)　农药合理使用准则

3 术语和定义

下列术语和定义适用于本文件。

3.1

高丹草　sorghum hybrid sudangrass

高丹草是一年生禾本科草，高粱与苏丹草的杂交种。耐热、抗旱。须根发达，茎高 2m～3m；叶片中脉和茎秆呈褐色或淡褐色；疏散圆锥花序，分枝细长；种子扁卵形，黄色、棕褐色或黑色，千粒重 10g～12g。

4 土地选择及整理

4.1 土地选择

对土壤要求不严，以沙壤土或壤土为宜，pH6～7。以土质肥沃、排灌方便、不易积水、无遮阴、平坦的地块为宜。

4.2 土地整理

土地翻耕、平整后施入足量的基肥，可施农家肥 22 500kg/hm²～37 500kg/hm²，若施氮磷钾复合肥，应按 1 200kg/hm²～1 500 kg/hm² 施用量，将复合肥施于穴旁或穴顶，通过雨水渗流供肥。

5 草地建植

5.1 播种时间

春播，一般在 3 月中旬至 4 月中旬。

5.2 播种方式

主要采用种子直播方式播种。以条播为宜，行距 40cm～50cm，播深 3cm～4cm，播后覆盖细土。

5.3 播种量

30.0kg/hm²～45.0kg/hm²。

6 草地管理

6.1 草地除杂

苗期及时除杂。

6.2 追肥

植株长到 5 片～6 片叶时，追施 1 次复合肥 150kg/hm²～225kg/hm²。每次刈割后结合松土追施尿素375kg/hm²～450kg/hm²。

6.3 病虫害防治

参考GB 4285《农药安全使用标准》、GB/T 8321《农药合理使用准则》（所有部分）合理防治病虫害。

7 刈割利用

7.1 青饲

幼苗期刈割的高丹草作青饲料，可能导致畜禽氢氰酸中毒。作青饲料饲喂牛、羊等反刍家畜时，刈割高度宜为 100cm～120cm。饲喂鹅、草鱼时，刈割高度宜为 60cm～80cm。留茬高度为 10cm～15cm。

7.2 青贮

株高为 180cm～200cm，可刈割青贮。晾晒至水分含量在 65%～70%，使用机械粉碎或揉搓切短，每段长度为 1cm～2cm，装入青贮袋或青贮窖，压实、密封保存。经 30d～45d 青贮后，即可开封取出饲喂。

ICS 65.120
B 46
备案号：52551—2017

DB50

重 庆 市 地 方 标 准

DB50/T 737—2016

象草种植技术规范

2016-12-30 发布

2017-05-01 实施

重庆市质量技术监督局 发布

前　言

本文件按照 GB/T 1.1—2009《标准化工作导则　第 1 部分：标准的结构和编写》的规定起草。

本文件由重庆市农业委员会提出并归口。

本文件起草单位：西南大学、贵州省草业研究所、四川农业大学。

本文件主要起草人：曾兵、左福元、吴佳海、张新全、黄琳凯、尹权为、兰英、牟琼、王宝全、韩玉竹、黄文明、张磊鑫、杨叶梅、张雅洁、梁冰雪。

象草种植技术规范

1 范围

本文件规定了象草种植的术语和定义、土地选择及整理、草地建植、草地管理及刈割利用。

本文件主要适用于重庆境内低海拔地区的象草生产。

2 规范性引用文件

下列文件对于本文件的应用是必不可少的。凡是注日期的引用文件，仅注日期的版本适用于本文件。凡是不注日期的引用文件，其最新版本（包括所有的修改单）适用于本文件。

GB 4285 农药安全使用标准

GB/T 8321(所有部分) 农药合理使用准则

3 术语和定义

下列术语和定义适用于本文件。

3.1

象草

又名紫狼尾草，系禾本科狼尾草属多年生草本植物。喜温暖、湿润气候，喜肥，耐旱，不耐寒，易遭霜害。茎丛生，直立，中下部茎节生有气生根，叶互生，叶面有茸毛。圆锥花序，金黄色或紫色，长 15cm～30cm，每穗有小穗 250 多个，每个小穗含 3 朵小花，一般多为无性繁殖。

3.2

无性繁殖

指不经生殖细胞结合的受精过程，由母体的一部分直接产生子代的繁殖方法。

4 土地选择及整理

4.1 土地选择

宜选择土层深厚、疏松肥沃、水分充足、排灌方便的地块。

4.2 整地

施入足量的基肥，可施农家肥 22 500kg/hm²～37 500kg/hm²，若施氮磷钾复合肥，可按 1 200 kg/hm²～1 500kg/hm² 施用量，将肥料均匀施于土地上，翻耕平整。新垦地宜在种植前半月翻耕、除草，使土壤疏松，在栽种前再浅犁耙平，深度以超过 30cm 为宜。

5 草地建植

5.1 种植时间

3月—9月均可种植，以3月—4月种植为佳。

5.2 种茎准备

选粗壮、无病、无损伤的成熟茎作种茎，按 2 节～4 节切成茎段，断口倾斜、平整，以减少损伤。种茎用量为 2 500kg/hm²～3 000kg/hm²。

5.3 种植方法

种植行距 40cm～60cm，株距 30cm～40cm，穴深 10cm～20cm。种茎斜插，覆土 2cm～3cm，顶端外露 1 节，稍微压实，栽后浇水，保持湿润。

6 草地管理

6.1 查苗补蔸

出苗后及时查苗，发现缺苗要及时用壮苗补蔸。

6.2 草地除杂

出苗后应注意清除杂草，中耕培土，苗期除杂2次～3次。

6.3 浇水追肥

苗高约20cm时，可追施尿素约225kg/hm²、磷肥约180kg/hm²、氯化钾约75kg/hm²，促进分蘖和生长。以后每次刈割利用后追施尿素约225kg/hm²，若干旱，视情况浇水。

6.4 病虫害防治

参考GB 4285、GB/T 8321（所有部分）的要求合理防治病虫害。

7 刈割利用

7.1 青饲

一般株高达130cm～150cm时即可刈割，以后视生长情况，每隔25d～30 d可刈割1次，留茬高度为10cm～15cm。一般全年鲜草产量为75 000kg/hm²～150 000kg/hm²。

7.2 青贮

株高180cm～250cm时可刈割青贮。晾晒至水分含量在65％～70％，机械粉碎或揉搓切短，长度为每段1cm～2cm，装入青贮袋或青贮窖，压实、密封保存。30d～45d后，即可开封取出饲喂。

─────────────

ICS 65.020.10
B 05

DB50

重 庆 市 地 方 标 准

DB50/T 914—2019

多花黑麦草机械化轻简
生产技术规范

2019-04-15 发布 2019-08-01 实施

重庆市市场监督管理局 发布

前　言

本文件按照GB/T 1.1—2009《标准化工作导则　第1部分：标准的结构和编写》的规定起草。

本文件由重庆市农业农村委员会提出。

本文件由重庆市农业机械标准化技术委员会归口。

本文件起草单位：重庆市农业机械化技术推广总站、重庆市永川区农机推广站、江津区农机推广站、巫山县农机技术推广站。

本文件主要起草人：敖方源、谢英杰、胡昌礼、李尚、彭维钦、陈雪飞、唐科明、颜家均、刘国琼、万玉华、蒋佩荪、李海山。

多花黑麦草机械化轻简生产技术规范

1 范围

本文件规定了多花黑麦草机械化轻简生产的种子要求、地块选择、地块耕整、播种施肥、田间管理及收获等技术规范。

本文件适用于重庆市满足机械化作业要求且需要种植多花黑麦草的区域。

2 规范性引用文件

下列文件对于本文件的应用是必不可少的。凡是注日期的引用文件，仅注日期的版本适用于本文件。凡是不注日期的引用文件，其最新版本（包括所有的修改单）适用于本文件。

GB/T 8321(所有部分) 农药合理使用准则

GB 6142—2008 禾本科草种子质量分级

3 术语和定义

下列术语和定义适用于本文件。

3.1

机械化轻简生产 mechanical-lite production of ryegrass

机械化生产过程中，将耕整地、播种、施肥、田间管理、收获等作业环节合理集成，实现省时省力、简约高效的一种生产技术。

4 种子要求

选择一年生多花黑麦草种子，种子质量应达到 GB 6142—2008 的第 4.3 条"质量分级"中的一级种子要求。

使用无人机播种时应选用包衣种子。

5 地块选择

选择满足机械化作业要求、光照充足、土层较厚、排水良好的地块。

6 地块耕整

播种前采用旋耕机或微耕机完成耕整地作业，耕后地表应平整、疏松、细碎。

7 播种施肥

7.1 播种时期

9月中旬至11月中下旬，以气温稳定在20℃左右时播种为宜，早播为好。

7.2 播种方式

采用撒播机播种，种子与底肥应拌和均匀，采用无人机播种，宜在播前或播后撒施底肥。

7.3 播种量

用种量为 $22.5kg/hm^2 \sim 30kg/hm^2$。

7.4 底肥施用

含 N、P_2O_5、K_2O 各15％的复合肥 $225kg/hm^2 \sim 300kg/hm^2$。

8 田间管理

8.1 追肥

分蘖期追施尿素 75kg/hm²～150kg/hm²；每次刈割后追施尿素 120kg/hm²～180kg/hm²。

8.2 病虫害防治

采用植保机械，按 GB/T 8321(所有部分)的规定，防治锈病和黑穗病等病虫害。

9 收获

多花黑麦草高度大于 40cm 时，采用割草机械刈割，留茬高度 3cm～6cm。多花黑麦草抽穗前期，采用旋耕机或秸秆粉碎还田机将多花黑麦草直接粉碎翻埋。

ICS 65.120
B 46

DB50

重 庆 市 地 方 标 准

DB50/T 997—2020

饲用籽粒苋栽培技术规范

2020-05-15 发布　　　　　　　　　　　2020-08-15 实施

重庆市市场监督管理局　发布

前　言

本文件按照 GB/T 1.1—2009《标准化工作导则　第 1 部分：标准的结构和编写》的规定起草。

请注意本文件的某些内容可能涉及专利。本文件的发布机构不承担识别专利的责任。

本文件由重庆市农业农村委员会提出并归口。

本文件起草单位：重庆市畜牧技术推广总站、重庆市畜牧科学院。

本文件主要起草人：尹权为、李发玉、范彦、陈东颖、张璐璐、潘晓、肖红波、胡俊、王源。

饲用籽粒苋栽培技术规范

1 范围

本文件规定了饲用籽粒苋的术语及定义、生产条件、土地准备、播种、田间管理及刈割与利用。本文件适用于饲用籽粒苋生产。

2 规范性引用文件

下列文件对于本文件的应用是必不可少的。凡是注日期的引用文件，仅注日期的版本适用于本文件。凡是不注日期的引用文件，其最新版本（包括所有的修改单）适用于本文件。

GB/T 2930（所有部分） 牧草种子检验规程

GB/T 8321（所有部分） 农药合理使用准则

3 术语和定义

下列术语和定义适用于本文件。

3.1

籽粒苋

又名千穗谷，是苋科苋属一年生粮、饲、菜兼用型作物，生育期130d左右。圆锥状根系，主根不发达，侧根发达，根系庞大，多集中于10cm～30cm的土层中。株高200cm～350cm，茎秆直立，茎红色或绿色，有钝棱。叶互生，单叶，倒卵形或卵状椭圆形。籽粒苋种子细小，千粒重0.5g～0.8g。籽粒苋茎叶柔嫩多汁，适口性好，营养丰富，是畜禽的优质饲料。

3.2

青草

用于饲喂放牧家畜、刈割后作青饲或加工成青干草、草块、草颗粒的饲草。

3.3

现蕾期

50%植株出现花蕾的时期。

3.4

开花期

50%植株开花的时期。

3.5

盛花期

80%植株开花的时期。

4 生产条件

4.1 温度

最适生长温度20℃～30℃，39℃以上则生长受阻，遇霜冻易受害。

4.2 水分

籽粒苋耐涝性、耐旱性差，种植地块宜有良好排灌条件。

4.3 土壤

宜在土层深厚、肥沃、中性或微酸性土地上生长。对氮肥、钾肥需求较高。

4.4 海拔

宜在中、低海拔区种植。

5 土地准备

5.1 整地

耕地前及时除杂、除草、灭茬。播种前深翻细耙并施底肥，每 667m² 施腐熟农家肥 2 000kg～3 000 kg 或者复合肥 35kg～45kg。

5.2 开沟

种植地块应开挖水沟，以利排灌。

6 播种

6.1 品种选择

籽粒苋品种较多，常见的有绿茎和红茎两大类，饲草生产多选用绿茎籽粒苋。绿茎籽粒苋茎叶为绿色，前期生长较慢，后期生长较快，营养生长期长，品质好，产量较高。

6.2 播种量

采用合格种子，播种前按 GB/T 2930《牧草种子检验规程》（所有部分）测定种子发芽率、净度等指标，计算实际播种量。一般条播播种量为每 667m² 50g～80g。

6.3 播种时间

一般 4—5 月播种，以地温稳定在 15℃以上播种为宜。

6.4 播种方式

可采用穴播、条播和撒播。大田生产以条播为主，行距 40cm～50cm，播种深度 1cm 左右，土干宜深，土湿则浅，沙质土宜深，黏质土宜浅。

7 田间管理

7.1 中耕除草

苗期应视实际情况及时松土、除草。常采用人工或化学方式除草，化学除草应符合 GB/T 8321《农药合理使用准则》（所有部分）的规定。

7.2 间苗与定苗

苗高 10cm 左右时，即 2～3 叶期要间苗 1 次，拔去生长不良、瘦弱、有病虫害、过密的幼苗。苗高 20cm 左右时，即 4～5 叶期定苗，每 667m² 保留 7 000 株～8 500 株。

7.3 追肥

在生长期和刈割后，可视情况每 667m² 追施尿素 10kg、钾肥 5kg 左右。

7.4 排灌

雨季应注意排水，干旱季节应注意灌溉。重庆高温季节灌溉宜早、晚进行，利于安全越夏。

7.5 防倒伏

株高≥1.5m 时，上部枝叶茂盛，易倒伏，可通过中耕培土等方式预防倒伏或提前刈割。

7.6 病虫害防治

籽粒苋抗病虫害能力较强，一般情况下，成株病虫害较少。苗期害虫主要是蓟马、黏虫。病虫害防治应符合 GB/T 8321《农药合理使用准则》（所有部分）的规定。

8 刈割与利用

8.1 刈割

作青草直接饲喂和首次刈割宜在现蕾期左右进行，留茬高度 8cm～12cm，以利再生。调制为青贮料或最后一次刈割常在开花期至盛花期进行。饲用籽粒苋每年可刈割 3 次～4 次。

8.2 利用

一般作为青草直接饲喂或青贮利用。青草不宜单一饲喂牛羊，宜与其他粗纤维含量高的干草搭配。

注：青贮指将饲草水分含量控制在一定范围内，直接装入或铡碎后装入相关设备、设施内压实封严，经厌氧发酵后制成一种多汁、耐贮存饲料的过程。

ICS 65.040.20
B 25

DB50

重 庆 市 地 方 标 准

DB50/T 1025—2020

杂交狼尾草窖贮技术规程

2020-09-04 发布　2020-11-20 实施

重庆市市场监督管理局 发布

前　言

本文件按照 GB/T 1.1—2009《标准化工作导则　第 1 部分：标准的结构和编写》的规定起草。

请注意本文件的某些内容可能涉及专利。本文件的发布机构不承担识别专利的责任。

本文件由重庆市农业农村委员会提出并归口。

本文件起草单位：重庆市畜牧科学院。

本文件主要起草人：何玮、张健、范彦、徐远东、冉启凡、向白菊、高立芳。

杂交狼尾草窖贮技术规程

1 范围

本文件规定了杂交狼尾草窖贮技术规程的术语和定义，青贮窖建造、青贮的操作程序、管理、青贮品质鉴定等要求。

本文件适用于杂交狼尾草的窖贮。

2 规范性引用文件

下列文件对本文件的应用是必不可少的。凡是注日期的引用文件，仅注日期的版本适用于本文件。凡是不注日期的引用文件，其最新版本（包括所有的修改单）适用于本文件。

NY/T 2698 青贮设施建设技术规范 青贮窖

DB50/T 669 青贮饲料品质鉴定

3 术语和定义

下列术语和定义适用于本文件。

3.1

杂交狼尾草

禾本科狼尾草属多年生牧草，20世纪40年代初在南非培育成功，是用美洲狼尾草和象草育成的三倍体杂交种。我国于1981年从美国引入，现在南方地区大力推广。

3.2

青贮窖

以砌体结构或钢筋混凝土结构建成的青贮设施。

[来源：NY/T 2698，3.2]

3.3

青贮饲料

将新鲜的青绿饲料切短后，在密闭缺氧的条件下经微生物发酵，制成的一种具有特殊芳香气味、营养丰富的多汁饲料。

[来源：DB50/T 669，3.1]

4 青贮窖建造

4.1 选址

选择地势较高、土质坚实、地下水位低、离圈舍近、远离污染源、利于排水的场所，要求运输方便，有相应的电源和水源。

4.2 建设要求

按照NY/T 2698的规定执行。

4.3 设计要求

4.3.1 容积

青贮饲料年需要量按式（1）计算：

$$V = \frac{A \times B \times C}{D} \quad\cdots\cdots\cdots\cdots\cdots\cdots\cdots\cdots\cdots\cdots\cdots\cdots\cdots\cdots\cdots\cdots \text{（1）}$$

式中：

V——青贮窖容积，单位为立方米（m³）；

A——成年家畜日需要量，单位为千克每天每头 [kg/（d·头）]；

B——家畜数量；

C——饲喂天数，单位为天（d）；

D——青贮饲料密度，单位为千克每立方米（kg/m³）。

杂交狼尾草青贮饲料密度为500kg/m³～600kg/m³。

4.3.2 窖型

宜采用地上式的长方形窖型。

4.3.3 窖墙体设计

宜采用钢筋混凝土砌体。

4.3.4 窖底部设计

青贮窖底部往窖口倾斜，窖口设计收集沟，坡度为1‰～2‰。在窖外设计渗出液收集池。

4.3.5 青贮窖规格

长方形青贮窖高度一般为3m左右，宽度以满足机械作业为准，长度根据填窖能力和场地情况确定，以3d～7d填满为宜。

5 青贮的操作程序

5.1 刈割

适时刈割，植株高度2m～3m为宜。操作不应在雨天进行。

5.2 切碎

选择新鲜干净、无霉烂、无污染的原料，用切碎机把原料切成2cm～3cm的小段为宜。

5.3 水分调控

填窖前，采用晾晒等措施将青贮原料含水量调至65%～70%为宜。

5.4 装填与封顶

装填前在青贮窖四壁铺上塑料薄膜为宜。装填应及时，边装填，边压实。四角和靠壁部位要注意踏实。装料到高出窖面40cm～60cm为止，用塑料薄膜盖好，密封，用重物压实，避免漏气。

6 管理

6.1 挖排水沟

窖体四周0.5m处挖20cm×20cm排水沟，防止积水渗入窖内。

6.2 检查补漏

应经常检查青贮窖。发现有裂纹和漏洞时，应及时压实，防止透气和流入雨水。

6.3 防鼠害

窖顶不堆放杂物。注意防鼠害，发现老鼠时应及时灭杀并填堵鼠洞，以防进水、进气，影响青贮品质。

6.4 开窖取用

6.4.1 开窖时间

开窖取料应在青贮45d以后进行。

6.4.2 取用方法

启封时注意防范废气中毒。启封前清理窖内外杂物及发霉青贮料，从一头侧面启封，根据每天青贮料的用量计算取料面的大小，按青贮料横断面垂直方向自上而下取到底，刨面取料厚度不应小于30cm。保持取料面平整，每次取完料后应尽快密封，减少空气留存，防止有氧变质。

7 青贮品质鉴定

按照 DB50/T 669 的规定执行。

———————————

ICS 65.020.20
B 25

DB50

重 庆 市 地 方 标 准

DB50/T 1027—2020

大黑山薏苡种植技术规范

2020-09-04 发布　　　　　　　　2020-11-20 实施

重庆市市场监督管理局　发布

前　言

本文件按照 GB/T 1.1—2009《标准化工作导则　第 1 部分：标准的结构和编写》的规定起草。

本文件由重庆市农业农村委员会提出并归口。

本文件起草单位：重庆市畜牧科学院、四川农业大学、巫山县畜牧产业发展中心。

本文件主要起草人：高立芳、张健、周树峰、黄德均、蒋安、向白菊、范彦、何玮、胡永慧、黎远伦。

大黑山薏苡种植技术规范

1 范围

本文件规定了大黑山薏苡种植的术语和定义、选地及整地、种植技术、田间管理及刈割与利用等各项技术规范。

本文件适用于大黑山薏苡的种植和利用。

2 规范性引用文件

下列文件对于本文件的应用是必不可少的。凡是注日期的引用文件，仅注日期的版本适用于本文件。凡是不注日期的引用文件，其最新版本（包括所有的修改单）适用于本文件。

GB 5084　农田灌溉水质标准

GB/T 8321（所有部分）　农药合理使用准则

NY/T 2696　饲草青贮技术规程　玉米

3 术语和定义

下列术语和定义适用于本文件。

3.1

大黑山薏苡

大黑山薏苡是野生薏苡的天然突变株经选育而成的一种多年生牧草新品种，具有产量高、品质优、抗逆性强、多年生等特点，在我国西南地区一般年可刈割 2 次～3 次，可饲喂牛、羊、兔、鱼等食草动物。适合长江中上游丘陵、山地等温暖湿润地区种植。

3.2

分蘖

禾本科植物在地面以下或接近地面处产生新枝条的过程。

3.3

拔节

禾本科植物基部第一节环状突起露出地面约 1cm 时，称为拔节。

4 选地及整地

4.1 选地

选择中低海拔地区、排灌方便、避风向阳、肥力中上的土地种植为宜。

4.2 整地

清除杂物杂草。施足有机肥，以每 667m² 1 300kg～2 000kg 为宜。施肥后深耕，打碎土块，耙平地面，间隔 5m 左右开沟。

5 种植技术

5.1 种茎准备和育苗

5.1.1 种茎准备

宜以无性繁殖为主。选用开花后 10d 或种植生长 8 个月以上的健壮植株，取主茎上有健康芽苞的茎秆作为种茎。每节间的 1/3 处切断，用浓度为 100mg/L 的萘乙酸溶液浸泡 3 min～5 min，捞起晾干备用。

5.1.2 种子育苗

选取健康、饱满的大黑山薏苡种子于 30℃水中浸泡 72h，每隔 24h 换水 1 次，然后在沸水中浸 2s～3s 后迅速捞起，用种子重量 0.5％的 50％多菌灵可湿性粉剂拌种。播种在 5cm×5cm 的育苗杯中，每杯 1 粒种子，盖土 1cm，浇透水并适当遮光。育苗杯的含水量保持在 75％，待长至 3 个～4 个分蘖时，即可移栽种植。

5.2 种植

5.2.1 种植时间

春植最佳，3 月中下旬，地表温度回升到 10℃以上时为宜。

5.2.2 种植密度

每 667m² 种植 450 株左右，每穴种植 1 株，即株距、行距均为 1.2 m 左右。土壤肥力好可适当增加密度，反之适当降低密度。

5.2.3 种植方式

斜 45°插入松软土中，节间入土 2cm，切记节上"三角形腋芽"应在节的上部，不要插倒，将节插入土中 2cm，浇透水，覆盖遮阳网。

5.2.4 种肥

每穴施约 0.1kg 复合肥（N、P_2O_5 和 K_2O 含量分别为 28％、6％和 6％）（每 667m² 约 45kg），和土混匀，栽后浇透水。

6 田间管理

6.1 苗期管理

视天气情况，可于扦插或移栽后第 3d～5d 浇水 1 次，水质应符合 GB 5084 的要求。以田间持水量保持在 75％左右为宜。一般 7d～10d，种茎即可长出嫩芽。栽种后半个月左右及时查苗，若发现缺苗要及时补苗。根据田间杂草情况，可人工除草或化学除草，化学除草剂的使用按照 GB/T 8321（所有部分）执行。

6.2 追肥

分别在分蘖期和拔节期追肥 1 次，穴撒施尿素约 0.1kg（每 667m² 约 45kg）。每次刈割后，每 667m² 施尿素约 45kg。

6.3 越冬管理

越冬前最后一次刈割（一般于冬至前后），留茬高度 20cm 左右，视冬季天气状况，可采取自然越冬，覆盖土、地膜或稻草等方式越冬。

6.4 病虫害防治

大黑山薏苡抗病虫能力强，很少发生病虫害。一旦发生病虫害，提倡以生物防治为主，兼用化学防治。化学防治应严格按照 GB/T 8321（所有部分）的规定执行。

7 刈割与利用

7.1 刈割

植株长至 2 m 高后即可刈割，留茬高度 4cm～5cm。1 年可刈割 2 次～3 次。

7.2 利用

7.2.1 青饲

切碎、揉搓，直接饲喂。

7.2.2 青贮

刈割后根据天气情况适当晾晒，至茎秆含水量在 65％～75％，参照 NY/T 2696 的规定青贮。

ICS 65.020.20
B 25

DB50

重 庆 市 地 方 标 准

DB50/T 1061—2020

饲料桑草本化栽培技术规范

2020-11-01 发布   2021-02-01 实施

重庆市市场监督管理局   发布

前　言

本文件按照 GB/T 1.1—2009《标准化工作导则　第 1 部分：标准的结构和编写》的规定起草。

本文件由重庆市农业农村委员会提出并归口。

本文件起草单位：重庆市畜牧科学院。

本文件主要起草人员：王小燕、王永亮、曾秀、王介平、王海燕、马群忠、周婵、谷山林、吕金凤、黄传书。

饲料桑草本化栽培技术规范

1 范围

本文件规定了饲料桑草本化栽培的术语和定义，桑园规划、栽培技术、桑园管理、刈割采收、冬季管护相关的要求。

本文件适用于饲料桑草本化栽培。

2 规范性引用文件

下列文件对于本文件的应用是必不可少的。凡是注日期的引用文件，仅注日期的版本适用于本文件。凡是不注日期的引用文件，其最新版本（包括所有的修改单）适用于本文件。

GB 5084 农田灌溉水质标准

NY/T 1027 桑园用药技术规程

DB50/T 907—2019 丰产桑园栽培技术规程

3 术语和定义

下列术语和定义适用于本文件。

3.1

饲料桑 forage mulberry

饲料桑是利用现代育种技术及人工选择培育出的用作动物饲料的桑树品种，具有生长期长、耐剪伐、抗逆性强、萌芽力强、种植密度大、蛋白含量高、动物适口性好等特点。

3.2

草本化栽培 herbaceous cultivation

采用高密度、无干栽植，一年多次刈割，枝条木质化程度低的栽培方法。

4 桑园规划

4.1 选地

选择土层较厚、土壤肥沃、交通便利、光照充足、水源充足、排灌方便的土地建园，避免工业污染。

4.2 园区规划

4.2.1 道路系统

桑园内设计、修筑干路、支路。干路外与公路相连，内与园区支路相通，路面宽 3m～5 m，可通行一般运输车辆和小型汽车。支路与干路连接，生产便道路面宽 1.5m～2 m。

4.2.2 排灌系统

根据桑园地势及道路系统修建排灌沟渠，安装喷灌、滴灌系统，保证桑园排灌畅通。

4.2.3 整地

在建设桑园前土地除草、翻耕，耕深 25cm～30cm，碎土、耙平。

4.2.4 施基肥

整地后施用基肥，如厩肥、杂肥等，每 667m² 施 1 500kg～2 000kg，可拌入过磷酸钙 50kg。基肥施入后与掘松的下层泥土拌匀。

4.3 栽植规划

4.3.1 品种

选择性状稳定、产量高、叶质好、抗逆性强、耐剪伐，适合重庆地区气候条件的优良桑品种。

4.3.2 栽植规格

宽窄行栽植方式，即宽行 1 m，窄行 0.3 m，株距 0.25 m～0.3 m，4 行窄行 1 行宽行，每 667m² 栽植 4 000 株～6 000 株。

4.3.3 桑园行列

桑园行列根据地形、地势、风向、日照、水土保持和作业方便等条件确定。成片的平地和缓坡桑园为南北向，不连片的坡地饲料桑园按等高线栽植。不规则的小片"四边"隙地，依地形地势栽植。宜按行向与道路垂直的原则栽植。

5 栽培技术

5.1 苗木繁育

按 DB50/T 907—2019 规定的方法执行。

5.2 苗木整理

选择枝条粗壮结实、根系发达、无病虫害的桑苗，苗根轻度修剪，用 20％鲜石灰浆浸根 30 min 清洗消毒。

5.3 开栽植沟

饲料桑栽植以宽窄行栽植为主，开沟栽植，开沟宽、深为 25cm×45cm，可覆盖地膜。

5.4 苗木移栽

按 DB50/T 907—2019 规定的方法执行。

5.5 定苗浇水

苗木移栽定植后，用清水浇灌定苗。水质要求应符合 GB 5084 的规定。

5.6 技术流程

饲料桑草本化栽培技术流程见图1。

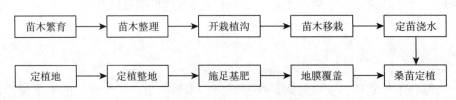

图1 饲料桑草本化栽培技术流程

6 桑园管理

6.1 肥水管理

移栽苗木生长完全成活施第一次肥，按每 667m² 施 150kg 腐熟粪水＋清水 1 000kg 混匀施用；30d 后施第二次肥，按每 667m² 施用腐熟粪尿 1 500kg，配施尿素 4kg、氯化钾 2kg、过磷酸钙 5kg。以后根据苗木长势，每隔 30d～40d 按第二次施肥量施肥 1 次。

6.2 排灌管理

保持桑园排灌系统畅通，及时排除桑园多余积水。出现新梢生长缓慢或止芯，以及嫩叶较小、叶色现黄等缺水现象时，应灌溉。

6.3 除草管理

按 DB50/T 907—2019 规定的方法执行。

6.4 主要病虫害防治

按 NY/T 1027 规定的方法执行。

7 刈割采收

7.1 刈割

植株长至 0.5m～0.8 m，枝条尚未完全木质化时刈割，留茬 5cm～8cm。1 年刈割 4 次～5 次。

7.2 刈割后管理

刈割后按桑园管理规定对饲料桑园施肥、除草、排灌、防治病虫害。

8 冬季管护

8.1 桑园清洁

冬耕前，剪除病弱枝条，清理枯枝落叶、杂草、杂物并集中后进行无害化处理。

8.2 冬耕施肥

耕深在 20cm 左右，行间宜深，桑株附近宜浅，以不伤粗根为宜，结合冬耕施入有机肥。

8.3 封园治虫

冬耕后，冬季桑树处于休眠期时，开展喷药封园工作，杀灭残存的病虫。桑园用药按 NY/T 1027 规定的方法执行。

ICS 65.120
CCS B 46

DB50

重 庆 市 地 方 标 准

DB50/T 1103—2021

皇竹草机械化生产技术规范

2021-04-15 发布

2021-07-15 实施

重庆市市场监督管理局 发布

前　言

本文件按照 GB/T 1.1—2020《标准化工作导则　第 1 部分：标准化文件的结构和起草规则》的规定起草。

请注意本文件的某些内容可能涉及专利。本文件的发布机构不承担识别专利的责任。

本文件由重庆市农业农村委员会提出并归口。

本文件起草单位：重庆市畜牧技术推广总站、重庆市畜牧科学院、巫山县丰园恒吉农牧有限公司。

本文件主要起草人：尹权为、李发玉、陈东颖、贺德华、范彦、张璐璐、谭开印、何玮、高敏、张鹏、刘学福、唐军、李舸。

皇竹草机械化生产技术规范

1 范围

本文件规定了皇竹草机械化生产的术语和定义，生产条件、土地准备、草地建植、草地管理、刈割与加工等主要环节的技术要求。

本文件适用于皇竹草机械化生产。

2 规范性引用文件

下列文件中的内容通过文中的规范性引用而构成本文件必不可少的条款。其中，注日期的引用文件，仅该日期对应的版本适用于本文件；不注日期的引用文件，其最新版本（包括所有的修改单）适用于本文件。

JB/T 9700 牧草收获机械 试验方法通则

NY/T 1276 农药安全使用规范 总则

NY/T 2461 牧草机械化收获作业技术规范

DB50/T 795 丘陵山区宜机化地块整理整治技术规范

DB50/T 1025 杂交狼尾草窖贮技术规程

3 术语和定义

下列术语和定义适用于本文件。

3.1

整理整治 land consolidation

采用工程、生物等措施，合并零碎、异形等地块，改造地块进出坡道及沟渠道路等，以满足农业机械作业要求的活动。

［来源：DB50/T 795—2017，2.2，有修改］

3.2

土壤重量含水量 soil moisture content

土壤中水分的重量与相应固相物质重量的比值。

4 生产条件

4.1 草地条件

4.1.1 应选择宜机化地块，地面上空垂直距离 5m 内不应有电线等障碍物。

4.1.2 土壤重量含水量应不大于 30%。

4.1.3 牧草不应出现 JB/T 9700 中规定的严重倒伏的情况。

4.2 天气条件

土地整理整治、种植、收割等田间作业应避开雷、雨及大风天气。

4.3 作业机具

4.3.1 根据宜机化地块整治情况、种植规模情况及收获利用方式等，选择适宜的拖拉机、挖掘机、推土机、翻耕机、旋耕机、扦插机、施肥机、中耕机、中耕施肥机、收割机、联合收割机、田间运输机、揉搓机、裹包机等机械，下地作业时，土壤重量含水量 25% 以上，或机械整备质量大于 5t，宜选用履带式机械。

4.3.2 作业前应按照机具使用说明书的要求检查、调试，检查各部件有无损坏情况。配套动力应符合机械的配套要求，工作状态良好。

4.4 人员配备

4.4.1 应按机械操作需求配备操作人员和辅助人员。

4.4.2 拖拉机、联合收割机等操作人员应取得相应资质，辅助人员应具备基本的作业知识和安全常识。

4.5 作业安全

机械化作业安全应符合 NY/T 2461 的要求。

5 土地准备

5.1 整理整治

土地整理整治按照 DB50/T 795 的要求执行。

5.2 土壤熟化

地块整理整治后，使用绿肥种植、粪厩肥施用等培肥方式，结合深松、深翻等农业机械化措施，培肥熟化土壤。

5.3 底肥施用

土壤熟化后，种植前，利用施肥机每 667m² 施用复合肥 40kg～50kg，或者腐熟农家肥 2 000kg～3 000kg，利用旋耕机把肥料翻入土中。

6 草地建植

6.1 种植时间

3 月—8 月均可种植。

6.2 种茎准备

选择生长 6 个月以上的粗壮、无病虫害的茎秆作种茎，将种茎切成含 2 节～3 节的茎段。

6.3 种植方式

准备好茎段，采用适宜的扦插机扦插种植。茎段垂直或斜置入土，保证 1 节～2 节埋入土中，芽孢朝上。若遇干旱天气，应及时浇水。

6.4 株行距

株行距以 60cm×80cm 为宜，行的方向与地块长边方向一致。

7 草地管理

7.1 杂草防除

种植后 30d 左右，利用中耕机中耕除杂草 1 次。

7.2 水肥管理

每次刈割后利用中耕施肥机施肥和松土，每 667m² 可施用尿素 8kg～10kg，遇干旱天气及时浇水。

7.3 病虫害防治

使用农药防治时，应符合 NY/T 1276 的要求。

7.4 越冬管理

入冬前收割最后一茬后，利用施肥机每 667m² 施用腐熟农家肥 1 000kg～1 500kg，海拔 600 m 以上地区宜覆盖地膜、稻草越冬。

8 刈割与加工

8.1 刈割

宜利用收割机或联合收割机收割，留茬高度10cm～15cm。

8.2 加工

作青饲时宜用揉切机揉切后饲喂，揉切长度3cm～5cm，青贮时应按照DB50/T 1025的要求执行。

———————————

ICS 65.120
CCS B 25

DB50

重 庆 市 地 方 标 准

DB50/T 1139—2021

饲用苎麻种植及鲜饲利用技术规程

2021-11-01 发布
2022-02-01 实施

重庆市市场监督管理局 发布

前　言

本文件按照 GB/T 1.1—2020《标准化工作导则　第 1 部分：标准化文件的结构和起草规则》的规定起草。

请注意本文件的某些内容可能涉及专利。本文件的发布机构不承担识别专利的责任。

本文件由重庆市农业农村委员会提出并归口。

本文件起草单位：重庆市渝东南农业科学院、重庆市涪陵区畜牧兽医学会。

本文件主要起草人：吕发生、蔡敏、罗登、王彬、李雅玲、景明银、陶洪英、彭彩、栾兴茂、曾晓霞。

饲用苎麻种植及鲜饲利用技术规程

1 范围

本文件规定了饲用苎麻种植及鲜饲利用的术语和定义，种植及鲜饲利用的技术要求。
本文件适用于饲用苎麻的种植和鲜饲利用。

2 规范性引用文件

本文件没有规范性引用文件。

3 术语和定义

下列术语和定义适用于本文件。

3.1
饲用苎麻 forage ramie
荨麻科苎麻属多年生宿根性草本植物，富含蛋白质，耐刈割，生物产量高，收获的青绿茎叶作饲用的苎麻品种。

3.2
鲜饲 utilization as fresh forage
刈割的新鲜茎叶经切短、切碎或打浆后就直接饲用的利用方式。

3.3
新麻栽培 cultivation of new ramie
包含育苗环节在内的，定植当年以培育壮蔸为目的的苎麻栽培。

3.4
老化苎麻 old forage ramie
黑秆1/5以上，含有成熟纤维的韧皮长度超过50cm，下部叶片颜色发黄，下部茎秆木质化程度较高，饲用价值显著降低的苎麻植株。

4 种植

4.1 良种选择
选用适应高温、高湿生态条件的高产、优质、耐刈割的饲用苎麻优良品种。

4.2 麻田准备
4.2.1 选地
选择土层深厚、土壤肥沃、排水良好、运输方便的地块。

4.2.2 整地
定植前除草、翻耕、整平，开厢，厢宽1.5m～2m，理好排水沟，做到排水畅通、雨后无积水。

4.2.3 施用基肥
新栽麻定植前，采用开穴深施、开沟深施或撒施等方法，每公顷施腐熟农家肥15 000kg～45 000kg、过磷酸钙300kg～450kg和氯化钾75kg～120kg作基肥。

4.3 新麻栽培
4.3.1 育苗
采用种子育苗方式，苎麻种子育苗技术参见附录A。

4.3.2 移栽定植

4月—6月移栽。每公顷定植 37 500 穴至 45 000 穴，每穴 2 株，行距 40cm～60cm，穴距 30cm～50cm。苗栽直，根舒展，土按实，覆土平，覆土到子叶节为宜。及时浇定根水。定植成活后，查苗补缺。

4.3.3 割秆

新栽麻第 1 年在麻株黑秆 1/2～2/3、下部有催蔸芽长出时，齐地割除麻株 1 次～2 次。老化苎麻嫩梢部分可作饲料，老化部分就地还田。

4.3.4 追肥

麻苗定植成活 7d 后，每公顷施尿素 60kg～75kg，头茬、二茬麻株割秆后各施尿素 150kg～225kg。当年最后一次割秆后不施追肥。

4.4 麻田管理

4.4.1 冬管

4.4.1.1 中耕培土

新麻栽培后，每年 12 月下旬至次年 1 月上中旬中耕培土。中耕深度 20cm 左右，黏土深，沙土浅，行间深，蔸边浅，不伤根蔸。培土厚度以 3cm 为宜。注意培养好边蔸，疏通排水沟，厢面略呈龟背形。

4.4.1.2 冬肥

结合中耕培土，每公顷施腐熟农家肥 15 000kg～45 000kg、过磷酸钙 600kg～900kg 和氯化钾 120kg～180kg，混合穴施或沟施后覆土。

4.4.1.3 防除杂草

结合中耕培土除草 1 次。

4.4.2 追肥

春季出苗后和每次刈割后，每公顷追施尿素 150kg～225kg。

4.4.3 虫害防治

主要防治苎麻夜蛾、赤蛱蝶等害虫。在卵孵化盛期，可采用 3.2％苏云金杆菌可湿性粉剂兑水 1 000 倍～2 000 倍液喷施。2 龄～3 龄幼虫，可采用甲维盐 1.5％乳油 2 000 倍液喷施。

4.4.4 抗旱防涝

遇高温或麻田土壤含水量过低导致苎麻叶片萎蔫时，及时浇水抗旱。在多雨季节，清理麻田内排水沟，做到雨住沟干。

5 鲜饲利用

5.1 刈割

5.1.1 刈割利用年限

饲用苎麻为多年生牧草，刈割利用年限可达 8 年～10 年。

5.1.2 刈割时期

每年刈割时期在 4 月—10 月，年可刈割 6 茬～8 茬。

5.1.3 刈割方式

根据实际情况将麻田分为若干片区，依次刈割；25d～30d 为一茬次。首茬麻全部刈割完毕，割收二茬麻，依次循环，直至生长期结束。

5.1.4 刈割株高

株高达到 60cm 时开始刈割。用于饲喂猪及小家畜、家禽的，刈割株高 60cm～80cm。用于饲喂牛、羊等大中型草食家畜的，刈割株高 60cm～120cm。

5.1.5 留茬高度

第 2 年至第 3 年，刈割后留存在麻蔸地上部的苎麻茎秆高度为 10cm～15cm，第 4 年起留茬高度为 5cm。

5.2 存放

5.2.1 存放条件

苎麻鲜草刈割后在遮阴、通风、干燥环境存放，预防草堆发热、茎叶发黄。

5.2.2 存放时间

苎麻鲜草刈割后堆放时间不宜超过 24h。

5.3 加工

5.3.1 选料

幼嫩苎麻整株鲜饲利用。老化苎麻饲用幼嫩部分，将黑秆、老化部分切除还田。

5.3.2 调制

苎麻鲜草经切短、切碎或打浆后直接饲喂畜禽。饲喂牛的，切短长度在 10cm 以内；饲喂羊的，切短长度在 6cm 以内；饲喂兔的，切短长度在 2cm 以内；饲喂家禽的，切短长度在 1cm 以内；饲喂猪的，宜将苎麻鲜草打成浆。

5.4 饲喂

5.4.1 饲喂比例

饲喂牛、羊、兔、鹅等，饲用苎麻鲜草占其日粮中粗饲料量的 15％～35％。饲喂猪、鸡、鸭等，饲用苎麻鲜草料占日粮的 5％～10％。

5.4.2 饲喂方式

调制后的饲用苎麻鲜草料可直接饲喂或拌精饲料后饲喂。

附　录　A

（资料性）

苎麻种子育苗技术

A.1　苗床准备

A.1.1　苗床选择

选择背风向阳，排灌方便，土质疏松、肥沃，杂草少，3 年内未种植过苎麻的沙壤土、壤土。

A.1.2　苗床整地

播前 7d～10d 深翻炕土，拣净草根、瓦砾。肥力偏低地块，整地前每公顷苗床均匀施入腐熟农家肥 11 250kg～15 000kg。播前 1d～2d，按 1.0m～1.2m 开厢，厢沟宽 30cm，深 5cm～10cm。干旱少雨地区或保水力差的沙土苗床，不理厢沟，将走道筑高，使厢面低于走道 10cm，以利床土保水。厢面整土深度 15cm～20cm，土粒细小均匀，厢面略呈龟背形。

A.1.3　防治地下害虫

苗床平整后，宜喷施 25％杀虫双水剂，或在土面撒施其他杀虫颗粒剂，以防地下害虫伤苗。

A.2　播种

A.2.1　播种时间

2 月—4 月播种。

A.2.2　播种量

选用良种种子，种子发芽率不低于 80％，净度高于 90％。每公顷净苗床用种量 4.5kg～6kg。

A.2.3　拌种

用陈草木灰或不含任何种子的干细土作拌种物，按种子与拌种物 1∶（25～35）的比例充分拌和均匀。

A.2.4　苗床消毒

播种前用 0.1％的高锰酸钾溶液浇透床土。

A.2.5　方法

用分厢定量、反复多次的方式均匀撒播拌和好的种子，播后用喷雾器喷湿厢面，使种子与土壤充分接触。

A.2.6　覆膜

先盖贴地膜保水、保湿，再盖拱膜增温。4 月中下旬播种遇 30℃ 以上高温，盖遮阳网保水、保湿。

A.3　苗床管理

A.3.1　揭贴地膜

麻苗出土 75％后及时揭去贴地膜。

A.3.2　炼苗

炼苗前膜内温度高于 30℃ 时，及时揭开拱膜两端或再加盖遮阳网降温。麻苗出现 4 片真叶后，选阴天、晴天的上午 9 时前或晴天的下午 5 时后，揭膜或揭遮阳网炼苗。炼苗应逐步进行，先揭开两端，2d～3d 后再全部揭开。保留起支撑作用的竹篾，以备暴雨来临前重新盖膜避雨或低温寒潮来临前盖膜保温。炼苗前后，床土发白前，用喷雾器喷水保持土壤湿润，防止幼苗失水萎蔫、死亡。

A.3.3 间苗除草

麻苗出现 4 片真叶时第一次间苗；5 片～6 片真叶时再间苗 1 次或 2 次，并拔除杂草，再洒水安蔸，预防麻苗根部松动导致死苗。

A.3.4 追肥

麻苗出现 4 片真叶时第一次追肥，每 5d～7d 间苗 1 次、追肥 1 次，促进麻苗快长。追肥由少到多，先淡后浓。每 50kg 水兑 0.1kg～0.2kg 尿素。移栽前 1 周停止施肥。

A.3.5 起苗

麻苗出现 8 片～9 片真叶时，选晴天下午或阴天分期、分批选大苗、壮苗起苗。起苗前将苗床淋湿，用竹片挖苗，带土移栽。

ICS 65.020.20
CCS B 25

DB50

重 庆 市 地 方 标 准

DB50/T 1152—2021

杂交狼尾草繁殖技术规程

2021-11-01 发布 2022-02-01 实施

重庆市市场监督管理局 发布

前　言

本文件按照 GB/T 1.1—2020《标准化工作导则　第 1 部分：标准化文件的结构和起草规则》的规定起草。

请注意本文件的某些内容可能涉及专利。本文件的发布机构不承担识别专利的责任。

本文件由重庆市农业农村委员会提出并归口。

本文件起草单位：重庆市畜牧科学院。

本文件主要起草人：徐远东、何玮、冉启凡、陈静、范彦、陈积山、向白菊、蒋安、朱瑞芬。

杂交狼尾草繁殖技术规程

1 范围

本文件规定了杂交狼尾草繁殖的术语和定义、材料选择、种茎存储、育苗、栽植与管理。

本文件适用于杂交狼尾草的繁殖。

2 规范性引用文件

下列文件中的内容通过文中的规范性引用而构成本文件必不可少的条款。其中，注日期的引用文件，仅该日期对应的版本适用于本文件；不注日期的引用文件，其最新版本（包括所有的修改单）适用于本文件。

GB 6142 禾本科草种子质量分级

GB/T 8321.10 农药合理使用准则（十）

NY/T 496 肥料合理使用准则 通则

NY/T 1997 除草剂安全使用技术规范 通则

3 术语和定义

下列术语和定义适用于本文件。

3.1

杂交狼尾草

由二倍体美洲狼尾草与四倍体象草杂交育成的三倍体种间杂交种。

3.2

种茎

已经成熟且能够作为繁殖材料的植株茎秆。

4 材料选择

4.1 品种选择

可选择"热研 4 号""邦得 1 号""杂交狼尾草"等国审登记品种。

4.2 种子选择

选择 F_1 代商品种子播种育苗，种子质量应符合 GB 6142 的规定。

4.3 种茎选择

选择茎秆粗壮、成熟、无病虫害的茎秆。

5 种茎存储

5.1 临时存储

切割后宜在 72h 内种植，如不能及时种植，可将种茎置阴凉处，腋芽朝上，基部浸水 2cm～3cm 保湿。

5.2 越冬存储

5.2.1 越冬存储方式包括露地留茬、大田覆盖薄膜保种、坑埋存储、温室低温冷藏，宜选择露地留茬、大田覆盖薄膜保种。

5.2.2 露地留茬宜在霜降前、刈割后，保证根茎留在大田中即可。

5.2.3　大田覆盖薄膜保种，宜在霜降前将留种植株切割掉幼嫩部分后，用薄膜将植株完全覆盖。

6　育苗

6.1　育苗条件

宜在春季、秋季气温达 10℃～30℃条件下育苗，选择土层深厚、土壤肥沃、灌排良好、避风向阳的土壤做苗床，苗床土质疏松、细碎、平整，土壤含水量不低于 30％。

6.2　种子育苗

采用稀条覆膜播种，行距 15cm～20cm，覆土 1cm～2cm。

6.3　种茎育苗

选越冬存活种茎，去除腐烂部分，切割为含 1 个～2 个茎节的茎段，按苗距 6cm～10cm 斜插排种，腋芽朝上，倾斜 30°～45°，覆土 2cm～3cm。在温度小于 15℃时，宜采用覆膜育苗。育苗时间约为 30d。

7　栽植与管理

7.1　栽植期

春季栽种，3 月—5 月为宜；秋季栽种，9 月—11 月为宜。

7.2　整地开沟

除去地面杂草、杂物，将土地翻耕，耙细、耙平，开深度在 30cm 以上的边沟。

7.3　施基肥

宜施有机肥 15 000kg/hm²，肥料施用应符合 NY/T 496 的规定。

7.4　大田移栽

在种苗长出 5 片～6 片叶后，选择阴天移栽，株距 70cm～90cm，行距 80cm～100cm，并培土、浇水。

7.5　田间管理

7.5.1　补苗

移栽后对未存活的及时补苗。

7.5.2　追肥

在苗高约 60cm 时，可追施有机肥或尿素 1 次。肥料施用应符合 NY/T 496 的规定。

7.5.3　灌溉

逢旱天可早、晚浇水，使土壤含水量不低于 30％。

7.5.4　杂草防除

苗期勤除杂草。如采用化学防除方式，除草剂的使用应符合 NY/T 1997 的规定。

7.5.5　病虫防治

农药施用应符合 GB/T 8321.10 的规定。

ICS 65.020.20
CCS B 40

DB50

重 庆 市 地 方 标 准

DB50/T 1153—2021

杂交狼尾草种植技术规程

2021-11-01 发布 　　　　　　　　2022-02-01 实施

重庆市市场监督管理局 　发布

前　言

本文件按照 GB/T 1.1—2020《标准化工作导则　第 1 部分：标准化文件的结构和起草规则》的规定起草。

请注意本文件的某些内容可能涉及专利。本文件的发布机构不承担识别专利的责任。

本文件由重庆市农业农村委员会提出并归口。

本文件起草单位：重庆市畜牧科学院。

本文件主要起草人：何玮、徐远东、范彦、冉启凡、陈静、向白菊、蒋安、赵金红、孙晓燕。

杂交狼尾草种植技术规程

1 范围

本文件规定了杂交狼尾草种植的术语和定义、产地环境、栽培技术、田间管理和利用。

本文件适用于杂交狼尾草的种植。

2 规范性引用文件

下列文件中的内容通过文中的规范引用而构成本文件必不可少的条款。其中，注日期的引用文件，仅该日期对应的版本适用于本文件；不注日期的引用文件，其最新版本（包括所有的修改单）适用于本文件。

GB/T 8321.10　农药合理使用准则（十）

GB 15618　土壤环境质量　农用地土壤污染风险管控标准（试行）

NY/T 496　肥料合理使用准则　通则

DB50/T 1025　杂交狼尾草窖贮技术规程

3 术语和定义

下列术语和定义适用于本文件。

3.1

杂交狼尾草

由二倍体美洲狼尾草与四倍体象草杂交育成的三倍体种间杂交种。

4 产地环境

宜选择海拔 700m 以下地区，地块无遮阴，排灌方便，土层深厚、肥沃，产地环境应符合 GB 15618 的技术规定。

5 栽培技术

5.1 施基肥

肥料施用应符合 NY/T 496 的规定。播种前，视土壤肥力情况，结合深翻整地施入有机肥、复合肥，参见附录 A。

5.2 整地

翻耕精细整地，耕深 20cm～30cm。

5.3 种植

5.3.1 种茎准备

种茎扦插前斜切，以含腋芽茎节为准，腋芽上部保留 2cm～3cm，下部留 6cm～8cm，每节至少含 1 个腋芽。

5.3.2 种植时间

气温稳定在 15℃及以上即可种植。宜在 3 月—6 月种植。

5.3.3 种植规格

行距 70cm～90cm，株距 60cm～80cm。

5.3.4 种植方式

种茎扦插时，腋芽向上，与地面呈 30°～45°置于土中，压实土壤。逢旱天，于早、晚浇水，使土壤含水量不低于 30％。

6 田间管理

6.1 补苗

补苗在种植 15d 后进行，缺苗应及时补栽。

6.2 中耕除草

苗期中耕除草 1 次～2 次。

6.3 追肥

分蘖期、拔节期和每次刈割后可追施有机肥或尿素。植株叶片发白为缺锌表现，应及时追施锌肥，用 0.05％～0.1％硫酸锌溶液，每隔 7d～10d 喷洒 1 次，共喷 2 次～3 次。肥料施用应符合 NY/T 496 的规定。

6.4 病虫害防治

预防为主，防治结合。防治措施应符合 GB/T 8321.10 的规定。

7 利用

7.1 青饲利用

作青饲时，宜在株高不高于 1.5m 时刈割，留茬高度 10cm～15cm，每年可刈割 5 次～6 次。

7.2 青贮利用

按照 DB50/T 1025 的规定执行。

附　录　A
（资料性）
土壤肥力综合评价及基肥施用量

A.1　土壤肥力指标分级

表 A.1 界定了各土壤肥力指标的分级值。X_a 为土壤肥力标准中的差级，X_c 为土壤肥力标准中的中级，X_p 为土壤肥力标准中的优级。

表 A.1　土壤肥力指标分级

土壤指标	X_a	X_c	X_p
pH	8.5	7.5	7.0
有机质/（g/kg）	10.0	20.0	30.0
有效氮/（mg/kg）	60.0	90.0	120.0
速效钾/（mg/kg）	50.0	150	200.0
有效磷/（mg/kg）	5.0	10.0	20.0
全氮/（g/kg）	0.75	1.0	1.5
全磷/（g/kg）	0.4	0.6	0.8
全钾/（g/kg）	10.0	15.0	20.0

A.2　测定值标准化处理

对所选指标参数进行标准化以消除各参数之间的量纲差别。

当指标的测定值属于"极差"级时；即 $C_i \leqslant X_a$，按式（1）计算：
$$P_i = C_i / X_a，（P_i \leqslant 1）\quad\cdots\cdots（1）$$

当指标的测定值属于"差"级时；即 $X_a < C_i \leqslant X_c$，按式（2）计算：
$$P_i = 1 + (C_i - X_a) / (X_c - X_a)，（1 < P_i \leqslant 2）\quad\cdots\cdots（2）$$

当指标的测定值属于"中等"级时；即 $X_c < C_i \leqslant X_p$，按式（3）计算：
$$P_i = 2 + (C_i - X_c) / (X_p - X_c)，（2 < P_i < 3）\quad\cdots\cdots（3）$$

当指标的测定值属于"良好"级时；即 $C_i > X_p$，按式（4）计算：
$$P_i = 3 \quad\cdots\cdots（4）$$

式中：

P_i——为分肥力系数；

C_i——指标的测定值。

A.3　土壤质地的分级标准和标准化

壤土类［沙质壤土、壤土、粉（沙）质壤土］：$P_i = 3$。黏壤土类［沙质黏壤土、黏壤土、粉（沙）质黏壤土］、粉土：$P_i = 2$。沙土类（沙土、壤质沙土）、黏土类［沙质黏土、壤质黏土、粉（沙）质黏土、黏土、重黏土］：$P_i = 1$。

A.4　土壤肥力综合评价

土壤综合肥力系数按式（5）计算：
$$Q = \sqrt{\frac{(P_{i平均})^2 + (P_{i最小})^2}{2} \times (\frac{n-1}{n})} \quad\cdots\cdots（5）$$

式中：

Q——土壤综合肥力系数；

$P_{评均}$——各分肥力系数的平均值；

$P_{最小}$——各分肥力系数的最小值；

n——参评指标数。

根据 Q 值定量评价土壤肥力。如：$Q \geqslant 2.0$ 为优（Ⅰ级），$2.0 \sim 1.5$ 为良（Ⅱ级），$1.5 \sim 1.0$ 为中（Ⅲ级），< 1.0 为差（Ⅳ级）。

A.5 基肥施用量

土壤肥力被评定为Ⅰ级时，有机肥施用量为 15 000kg/hm² 或复合肥（N：P_2O_5：K_2O＝22：8：10）75kg/hm²；土壤肥力被评定为Ⅱ级时，有机肥施用量为 20 000kg/hm² 或复合肥（N：P_2O_5：K_2O＝22：8：10）125kg/hm²；土壤肥力被评定为Ⅲ级时，有机肥施用量为 25 000kg/hm² 或复合肥（N：P_2O_5：K_2O＝22：8：10）175kg/hm²；土壤肥力被评定为Ⅳ级时，有机肥施用量为 30 000kg/hm² 或复合肥（N：P_2O_5：K_2O＝22：8：10）225kg/hm²。

ICS 65.20
CCS B 25

DB50

重 庆 市 地 方 标 准

DB50/T 1181—2021

饲用紫云英种植技术规程

2021-12-10 发布
2022-03-10 实施

重庆市市场监督管理局 发布

前　言

本文件按照 GB/T 1.1—2020《标准化工作导则　第 1 部分：标准化文件的结构和起草规则》的规定起草。

请注意本文件的某些内容可能涉及专利。本文件的发布机构不承担识别专利的责任。

本文件由西南大学提出。

本文件由重庆市农业农村委员会归口。

本文件起草单位：西南大学、重庆市畜牧科学院、四川农业大学。

本文件主要起草人：曾兵、宋振辉、黄琳凯、罗登、范彦、张健、王胤晨、李剑、袁扬、张新全、王宝全、兰英、尹正纯。

饲用紫云英种植技术规程

1 范围

本文件规定了饲用紫云英种植的术语和定义、土地准备、种植、田间管理及刈割与利用。

本文件适用于紫云英的种植和利用。

2 规范性引用文件

下列文件中的内容通过文中的规范性引用而构成本文件必不可少的条款。其中，注日期的引用文件；仅该日期对应的版本适用于本文件；不注日期的引用文件，其最新版本（包括所有的修改单）适用于本文件。

GB 5084　农田灌溉水质标准

GB 6141　豆科草种子质量分级

GB/T 8321（所有部分）　农药合理使用准则

NY/T 496　肥料合理使用准则　通则

NY/T 1276　农药安全使用规范　总则

3 术语和定义

下列术语和定义适用于本文件。

3.1

紫云英

紫云英又名红花草，豆科黄芪属二年生草本。主根肥大，侧根发达，根瘤密布，主要分布在15cm的土层中。茎匍匐，多分枝，长10cm～30cm，疏被白色柔毛，总状花序有5朵～10朵花，花密集呈伞形，花序梗较叶长，苞片三角状卵形。多分布于长江流域，常见于山坡、溪边及潮湿处，为重要的绿肥作物和牲畜饲料，嫩梢可作蔬食。

3.2

初花期

10%植株开花的时期。

3.3

盛花期

80%植株开花的时期。

4 土地准备

4.1 选地

紫云英忌积水和干旱，喜温暖、湿润气候。宜选择交通便利、地势平坦、耕层深厚、排灌方便、土质疏松、富含有机质、肥力中上的pH 5.5～7.5壤土种植。

4.2 整地

整地应满足以下要求：

a) 宜按照排涝和防旱要求开展；

b) 在播种前除去草根、石块，达到地平、土碎、土细；

c) 应清除杂物、杂草，施足有机肥，以22 500kg/hm²～45 000kg/hm²为宜；

d) 施肥后应深耕，打碎土块，耙平地面，合理开厢。

5 种植

5.1 品种和种子选择

5.1.1 品种选择

应选用国家或省级审定、符合当地生产条件的优良紫云英品种。

5.1.2 种子质量

应符合 GB 6141 中不低于 2 级的相关要求。

5.2 种子处理

5.2.1 晒种

种子宜在晴天晾晒 1d～2d。

5.2.2 浸种

用清水浸种 12h～24h，浸种期间换水 1 次～2 次，沥水晾干。

5.3 播种

5.3.1 时间

宜秋播，9 月上旬至 10 月下旬进行，不晚于 11 月下旬。

5.3.2 方式

宜撒播，采取分厢定量的方式，均匀撒播。

5.3.3 播种量

22.5kg/hm²～30kg/hm²。

6 田间管理

6.1 查苗补播

播种后 7d～10d，应检查出苗情况。出苗不齐，应及时补播。

6.2 杂草防除

观察生长情况，及时清除杂草。宜采用物理防除方式。

6.3 合理施肥

根据苗情，按照 NY/T 496 的规定合理施肥。

a) 12 月中旬施过磷酸钙 225kg/hm²～300kg/hm²，增强抗寒能力，减轻冻害。

b) 立春后，施尿素 45kg/hm²～75kg/hm²，促进生长。

6.4 灌溉

宜适时灌溉，水质应符合 GB 5084 的要求。

6.5 病害防治

紫云英易感染菌核病和白粉病等，视情况施药，农药使用应符合 NY/T 1276、GB/T 8321（所有部分）的要求。

7 刈割与利用

7.1 刈割

适时收割。青饲宜在初花期至盛花期进行，青贮宜在盛花期后进行。

7.2 利用

以青饲为主，也可青贮。

ICS 65.020.30
CCS B 43

DB50

重 庆 市 地 方 标 准

DB50/T 1215—2022

马棘与甜象草混合青贮技术规程

2022-03-25 发布　　　　　　　　　　　2022-07-01 实施

重庆市市场监督管理局　发布

前　言

本文件按照 GB/T 1.1—2020《标准化工作导则　第 1 部分：标准化文件的结构和起草规则》的规定起草。

请注意本文件的某些内容可能涉及专利。本文件的发布机构不承担识别专利的责任。

本文件由重庆市农业农村委员会提出并归口。

本文件起草单位：重庆市畜牧科学院。

本文件主要起草人：蒋安、向白菊、何玮、陈积山、廖洪荣、黄德均、徐远东、范彦。

马棘与甜象草混合青贮技术规程

1 范围

本文件规定了马棘与甜象草混合青贮的术语和定义、混合青贮的原料准备、青贮方式、青贮的管理、青贮的取用、卫生要求。

本文件适用于马棘与甜象草混合青贮。

2 规范性引用文件

下列文件中的内容通过文中的规范性引用而构成本文件必不可少的条款。其中，注日期的引用文件，仅该日期对应的版本适用于本文件；不注日期的引用文件，其最新版本（包括所有的修改单）适用于本文件。

GB 13078　饲料卫生标准

3 术语和定义

下列术语和定义适用于本文件。

3.1

马棘　false indigo

豆科木蓝属半灌木植物。适于鲜喂牛羊或青贮利用。

3.2

甜象草　napier grass

禾本科狼尾草属植物。适于鲜喂牛羊或青贮利用。

3.3

混合青贮　mixed silage

将2种及以上的饲草混合调制青贮饲料的工艺。

4 青贮原料的准备

4.1 原料采集

刈割开花期的马棘侧枝、叶片，株高2.0m以上的甜象草。清除泥土、石块等杂质。根据情况晾晒，水分控制在65%～75%。

4.2 切碎

剔除霉烂、污染的原料，宜用切碎机或者揉丝机切成2cm～3cm长的小段，甜象草切段的长度以不大于3.5cm为宜。

4.3 混合

将切碎后的马棘与甜象草按照1∶（2.0～2.5）的质量比混合均匀。

5 青贮方式

5.1 地面窖贮

连续装填，逐层压实，离窖沿约30cm用薄膜密封。以5d内完成装填为宜。

5.2 袋贮

连续装填，逐层压实，至袋口30cm左右抽气，密封。

5.3 裹包

使用青贮裹包机裹包。

6 青贮的管理

6.1 存放

避免阳光直射。防鼠害。

6.2 防止漏气

经常检查，发现有裂纹或漏洞时，及时补漏。

7 青贮的取用

7.1 青贮时间

不低于 40d。

7.2 取料

随取随用，取后及时密封。

8 卫生要求

应符合 GB 13078 的规定。

ICS 65.020.20
CCS B 25

DB50

重 庆 市 地 方 标 准

DB50/T 1249—2022

中高山地区混播草地建植技术规程

2022-06-01 发布

2022-09-01 实施

重庆市市场监督管理局 发布

前　言

本文件按照 GB/T 1.1—2020《标准化工作导则　第 1 部分：标准化文件的结构和起草规则》的规定起草。

请注意本文件的某些内容可能涉及专利。本文件的发布机构不承担识别专利的责任。

本文件由重庆市农业农村委员会提出并归口。

本文件起草单位：重庆市畜牧科学院。

本文件主要起草人：冉启凡、范彦、何玮、徐远东、朱瑞芬、陈积山、蒋安。

中高山地区混播草地建植技术规程

1 范围

本文件规定了中高山地区混播草地的术语和定义、土地选择与整理、种植、草地管理、利用方式。

本文件适用于中高山地区混播草地的建植。

2 规范性引用文件

下列文件中的内容通过文中的规范性引用而构成本文件必不可少的条款。其中，注日期的引用文件，仅该日期对应的版本适用于本文件；不注日期的引用文件，其最新版本（包括所有的修改单）适用于本文件。

GB 6141　豆科草种子质量分级

GB 6142　禾本科草种子质量分级

GB/T 8321(所有部分)　农药合理使用准则

NY/T 1868　肥料合理使用准则　有机肥料

NY/T 1342　人工草地建设技术规程

NY/T 1237　草原围栏建设技术规程

NY/T 1343　草原划区轮牧技术规程

3 术语和定义

以下术语和定义适用于本文件。

3.1

净活种子　life seed

洁净且具有发芽能力的种子。

[来源：NY/T 1342，3.3]

3.2

混播　mixed sowing

在同一地块上，同期混合 2 种或 2 种以上牧草的种植方式。

[来源：NY/T 1342，3.8]

4 土地选择与整理

4.1 土地选择

地势平缓开阔，土壤质地和水热条件适宜。

4.2 土地整理

除草除杂，翻耕，视地面状况可常规耕作或少耕；要求土块细碎，地面平整；施用基肥，以每 667m² 施有机肥 1 000kg～2 000kg 为宜。

[来源：NY/T 1868，9.3.1]

5 种植

5.1 种植时间

3 月—4 月春播，9 月—10 月秋播。

5.2 草种选择及组合

根据生产利用目的，以及当地土壤气候条件，选择适宜草种和品种，草种组合以 40％鸭茅＋40％苇状羊茅＋10％白三叶＋5％紫花苜蓿＋5％百脉根，或 80％鸭茅＋10％百脉根＋5％白三叶＋5％紫花苜蓿为宜。草种质量符合 GB 6141《豆科草种子质量分级》、GB 6142《禾本科草种子质量分级》标准三级以上。

5.3 播种量

每 667m² 净活种子播种量为 2.5kg～5kg。

5.4 播种

撒播和条播均可。撒播时，将种子混合后，均匀地撒在土壤表面，并覆薄土。条播宜开浅沟，行距为 15cm～30cm。

6 草地管理

6.1 查苗补播

播种后及时查苗，对弱苗、漏苗区域补播。

6.2 草地除杂

苗期及时清除杂草，松土保墒。

6.3 追肥

在 3 片～4 片叶时要及时追苗肥，每 667m² 施尿素 5kg～10kg。每次刈割或者轮回放牧后应及时追肥，以磷钾肥为主。

6.4 病虫害防治

病虫害防治以预防为主，一旦发生要立即采取措施予以控制，农药使用按照 GB/T 8321（所有部分）的规定执行。

6.5 围栏建设

围栏建设可在播种后进行，按照 NY/T 1237 的规定执行。

7 利用方式

7.1 刈割利用

刈割时间根据植株生长高度和生产需求确定，每次刈割留茬高 5cm～10 cm。鲜草可青饲或青贮，亦可调制为干草。

7.2 放牧利用

草地放牧按照 NY/T 1343 的规定执行。

ICS 65.120
CCS B 25

DB50

重 庆 市 地 方 标 准

DB50/T 1251—2022

杂交狼尾草青贮质量评定

2022-06-01 发布
2022-09-01 实施

重庆市市场监督管理局 发布

前　言

本文件按照 GB/T 1.1—2020《标准化工作导则　第 1 部分：标准化文件的结构和起草规则》的规定起草。

请注意本文件的某些内容可能涉及专利。本文件的发布机构不承担识别专利的责任。

本文件由重庆市农业农村委员会提出并归口。

本文件起草单位：重庆市畜牧科学院、西南民族大学。

本文件主要起草人：何玮、冉启凡、陈静、关皓、范彦、徐远东、朱瑞芬、向白菊、何德超。

杂交狼尾草青贮质量评定

1 范围

本文件规定了杂交狼尾草青贮质量评定的术语和定义、技术要求、检测方法。

本文件适用于杂交狼尾草青贮饲料的质量评定。

2 规范性引用文件

下列文件中的内容通过文中的规范性引用而构成本文件必不可少的条款。其中，注日期的引用文件，仅该日期对应的版本适用于本文件；不注日期的引用文件，其最新版本（包括所有的修改单）适用于本文件。

GB/T 6432 饲料中粗蛋白的测定 凯氏定氮法

GB/T 6435 饲料中水分的测定

GB 10468 水果和蔬菜产品 pH 值的测定方法

GB 13078 饲料卫生标准

NY/T 2129 饲草产品抽样技术规程

3 术语和定义

下列术语和定义适用于本文件。

3.1

杂交狼尾草 hybrid pennisetum

为禾本科狼尾草属暖季型牧草，由二倍体美洲狼尾草与四倍体象草杂交育成的三倍体种间杂交种。适于鲜喂牛羊或青贮利用。

3.2

青贮饲料 silage

将新鲜的青绿饲料切短后，在密闭、缺氧的条件下经微生物发酵，制成的一种具有特殊芳香气味、营养丰富的多汁饲料。

［来源：DB50/T 669，3.1］

3.3

水分 moisture

按照 GB/T 6435 规定的步骤干燥样品所损失物质（水分和其他挥发性物质）的质量。

［来源：GB/T 6435，3.1］

4 技术要求

4.1 感官评定

杂交狼尾草青贮饲料感官分级指标包括色泽、质地、气味、含水量，按照表 1 的指标判定。以 4 项指标单项得分之和作为分级依据，总分 100 分。青贮饲料感官评分 100 分～81 分为优良，80 分～61 分为中等，60 分～41 分为较差，40 分～0 分为差。

表 1 杂交狼尾草青贮饲料感官评分

色泽（25分）		气味（30分）		质地（20分）		含水量（25分）	
项目	得分	项目	得分	项目	得分	项目	得分
黄绿色，有光泽	19～25	酸香味，舒适	23～30	松、散、软，茎、叶区别明显	16～20	抓握，松开后样品缓慢散开，手掌上有少量水分附着	17～25
黄色，有光泽	13～18	醋酸味强，酸香味弱	14～22	柔软，茎、叶区别明显	8～15	抓握，松开后样品呈球状，可形成水滴	9～16
黄色，黄褐色，色泽暗	1～12	刺鼻酸味	1～13	茎、叶略能分辨	1～7	抓握，松开后样品呈球状，水分从指间流出	1～8
黑褐色	0	酸臭、腐败、霉烂味	0	茎、叶黏连成团或干燥粗硬	0	样品黏连成团，滴水	0

4.2 发酵评定

杂交狼尾草青贮饲料发酵分级指标包括 pH、氨态氮/总氮、乳酸/总酸、乙酸/总酸、丁酸/总酸，按照表 2 的指标设定判定。以 5 项指标单项得分之和作为分级依据，总分 100 分。评分 100 分～81 分为优良，80 分～61 分为中等，60 分～41 分为较差，40 分～0 分为差。

表 2 杂交狼尾草青贮饲料发酵评分

pH（20分）		氨态氮/总氮（30分）		乳酸/总酸（25分）		乙酸/总酸（15分）		丁酸/总酸（10分）	
项目	得分	占比/%	得分	占比/%	得分	占比/%	得分	占比/%	得分
≤3.7	17～20	≤8	24～30	≥60	21～25	≤20	12～15	≤2	8～10
3.8～4.2	13～16	9～10	23～18	50～59	16～20	21～30	8～11	3～10	5～7
4.3～4.4	9～12	11～12	12～17	40～49	11～15	31～40	5～7	11～20	3～4
4.5～4.6	5～8	13～14	6～11	30～39	6～10	41～50	2～4	21～30	0～2
≥4.7	0～4	>15	0～5	<29	0～5	>51	0～1	>31	-10～-1

4.3 发酵原料要求

杂交狼尾草青贮饲料原料应符合 GB 13078 的规定。

5 检测方法

5.1 取样方法

按照 NY/T 2129 的规定执行。

5.2 试样制备

称取 20g 鲜样，加入 180mL 超纯水，4℃ 浸提 24h，取 50mL 浸提液，8 000rpm，4℃ 离心 15min，取上清液 2mL，12 000rpm，4℃ 离心 2min，取上清液用 0.22μm 微孔滤膜过滤，即为待测样品。

5.3 感官评定方法

称取 500g 青贮饲料样品，均匀放置在不透明的白色瓷盘中，并保持室内空气流通，通过嗅觉和视觉等感官器官辨别。

5.4 pH 值测定

按照 GB 10468 的规定执行。

5.5 水分测定

按照 GB/T 6435 的规定执行。

5.6 有机酸含量测定

用液相色谱法测定青贮饲料中的有机酸含量，参见附录 A。

5.7 氨态氮/总氮含量测定

用苯酚-次氯酸盐显色法测定青贮饲料中的氨态氮/总氮含量，参见附录 B。

附　录　A

（资料性）

液相色谱法测定青贮饲料中有机酸含量

A.1　试剂和材料

乳酸、乙酸、丙酸、丁酸标准品，超纯水，磷酸为分析纯。

A.2　仪器与设备

高效液相色谱仪，电子天平，超声波振荡器。

A.3　试剂配制

A.3.1　混合标准溶液配制

分别准确称取 4 种物质的标准品，用去离子水溶解并定容于容量瓶中，配制成混合母液，然后准确量取 0.625mL、1.25mL、2.5mL、5mL 标准混合母液，用超纯水定容于 10mL 容量瓶中，即为梯度混合标准溶液，在 4℃ 冰箱中保存备用。

A.3.2　流动相配制

准确称取磷酸 3.00g，用超纯水溶解，调节 pH 至 2.7，并定容于 1 000mL 的容量瓶中，然后用 0.22μm 水相滤膜过滤，在超声波振荡器中脱气 30min 后使用。

A.4　测定程序

A.4.1　色谱条件

色谱柱；流动相为 0.3％磷酸；流速 1.0mL/min；柱温 50℃；进样量 5μL；检测器波长 210nm。

A.4.2　色谱测定

取 A.3.1 中配制的梯度混合标准溶液进样，以峰面积（响应值，Y，AU）为纵坐标，以标准品浓度（X，mg/mL）为横坐标，绘制 4 种标准品的标准曲线，得到保留时间、线性范围、回归方程、相关系数、检出限信息。

A.4.3　空白试验

将 5.2 制备的青贮饲料试样浸提液，采用高效液相色谱法测定乳酸、乙酸、丙酸、丁酸含量，总酸为乳酸、乙酸、丙酸、丁酸之和。

A.4.4　结果计算

用色谱工作站计算试样浸提液被测物的含量，计算中扣除空白值。再通过换算浸提液制备过程中对应的样品量，获得乳酸、乙酸、丙酸、丁酸在样品中的比例。有机酸的含量按式（1）计算：

$$W = \frac{C_1 \times N_1 \times (180 + m_1 \times D_1)}{m_1} \quad\cdots\cdots\cdots\cdots\cdots\cdots\cdots\cdots\cdots\cdots \text{(1)}$$

式中：

W——乳酸、乙酸、丙酸、丁酸含量，单位为 mg/g；

C_1——样液的浓度（mg/g），根据标曲算得；

N_1——稀释倍数；

D_1——样品的水分含量（％）；

m_1——制取青贮液时的样品重量（g）。

附 录 B

（资料性）

氨态氮/总氮含量的测定

B.1 试剂

B.1.1 硝普钠（$Na_2[Fe(CN)_5NO]\cdot2H_2O$）。

B.1.2 结晶苯酚（C_6H_5OH）。

B.1.3 氢氧化钠（$NaOH$）。

B.1.4 磷酸氢二钠（$Na_2HPO_4\cdot7H_2O$）。

B.1.5 次氯酸钠（$NaClO$）：含活性氯5.25％。

B.1.6 氯化铵（NH_4Cl）。

B.1.7 苯酚显色剂：将取0.1g硝普钠、20g结晶苯酚，蒸馏水定容至2L，溶液放入棕色瓶中2℃～10℃避光保存，保质期6个月。

B.1.8 次氯酸钠试剂：称取10g氢氧化钠、75.7g磷酸氢二钠溶于蒸馏水中。待冷却后，加100mL次氯酸钠混匀后定容于2L，溶液使用滤纸过滤后2℃～10℃避光保存，保质期6个月。

B.1.9 标准铵贮备液：准确称取1.004 5g氯化铵溶于适量蒸馏水中，用稀盐酸调节pH至2.0，用蒸馏水定容至1L，得到含氨浓度为32mg/dL的标准储备液。

B.2 仪器与设备

试验用仪器包括：分光光度计，水浴锅，$10\mu L$、1mL、5mL移液枪。

B.3 测定步骤

B.3.1 标准曲线的建立

用蒸馏水稀释氨标准储备溶液，得到氨态氮浓度分别为32mg/dL、16mg/dL、8mg/dL、4mg/dL、2mg/dL、1mg/dL和0mg/dL的系列标准液。取系列标准工作液各40mL至贴好标签的试管中，依次加入2.5mL苯酚显色液、2mL次氯酸盐试剂。注意加入每种试剂后均要混匀。将样品放置在37℃水浴中发色30min。冷却后，使用分光光度计在波长550nm测定吸光度。以吸光度和标准液浓度为坐标轴建立标准曲线。

B.3.2 样品的检测

向每支试管中加入$40\mu L$制备的青贮浸出液，按检测步骤测定样本液的吸光度。

B.3.3 水分测定

按GB/T 6435的规定执行。

B.3.4 总氮的检测

按GB/T 6432的规定执行。

B.3.5 结果计算

氨态氮的含量按式（2）计算：

$$W=\frac{C_1\times N_1\times(180+m_1\times D_1)}{m_1\times M_1}\quad\cdots\cdots\cdots\cdots\cdots\cdots\cdots\cdots\cdots\cdots\cdots(2)$$

式中：

W——氨态氮含量，单位为占总氮的质量百分比（总氮，％）；

C_1——样液的浓度（mg/dL）；

N_1——稀释倍数；

D_1——样品的水分含量（%）；

M_1——试样的总氮含量（鲜样，%）；

m_1——制取青贮液时的样品重量（g）。

十一、生物安全

（6个）

ICS 65.020.20
B 41

DB50

重 庆 市 地 方 标 准

DB50/T 904—2019

不合格动物产品判定技术规范

2019-03-30 发布

2019-07-01 实施

重 庆 市 市 场 监 督 管 理 局 发布

前　言

本文件按照 GB/T 1.1—2009《标准化工作导则　第 1 部分：标准的结构和编写》的规定起草。

本文件由重庆市农业农村委员会提出并归口。

本文件起草单位：重庆市动物疫病预防控制中心、重庆市动物卫生监督所、重庆市璧山区动物卫生监督、奉节县动物卫生监督所、重庆市渝北区农业行政综合执法大队、重庆市涪陵区动物卫生监督所。

本文件主要起草人：肖颖、邓勇、李其繁、姚璐、白成友、姜东平、陈波、刘世权、程千川。

不合格动物产品判定技术规范

1 范围

本文件规定了不合格动物产品的判定技术方法和判定标准。

本文件适用于重庆市境内在查处加工，经营疑似病死、死因不明、检疫检验不合格动物产品等涉嫌犯罪案件中，判定涉及的动物产品。

2 规范性引用文件

下列文件对于本文件的应用是必不可少的。凡是注日期的引用文件，仅注日期的版本适用于本文件。凡是不注日期的引用文件，其最新版本（包括所有的修改单）适用于本文件。

GB 2707—2016　食品安全国家标准　鲜（冻）畜、禽产品

GB 5009.228—2016　食品安全国家标准　食品中挥发性盐基氮的测定

GB/T 9695.19—2008　肉及肉制品　取样方法

GB 16869—2005　鲜、冻禽产品

3 术语和定义

下列定义和术语适用于本文件。

3.1

动物产品　animal product

指家畜家禽的肉及内脏。

3.2

不合格动物产品　unqualified animal product

指检疫不合格和检验不合格的家畜家禽的肉及内脏。

3.3

挥发性盐基氮　total volatile basic nitrogen

指动物产品由于酶和细菌的作用，在腐败过程中，蛋白质分解而产生氨以及胺类等碱性含氮物质。此类物质具有挥发性，含量越高表明氨基酸被破坏的越多，是反映肉品鲜度的主要指标。

4 方法

4.1 感官检查方法

4.1.1 视检

检查皮、肌肉、脂肪、血管、淋巴结、内脏等的色泽、组织性状及深层组织的变化。

4.1.2 触检

检查组织的弹性、黏度及软硬度。

4.1.3 嗅检

检查动物产品有无病理性气味及其他异味。

4.1.4 实施与记录

由农业农村部门官方兽医对动物产品进行感官检查，使用"现场检查（勘验）笔录"记录感官检查情况（见附录 A）。

4.2 检测与检验方法

执法机构根据当地风险监测情况和对动物产品的感官检查情况，有针对性地选择项目采样并送实验室检测与检验。采样按照 GB/T 9695.19—2008 的规定执行。

4.3 综合判定

由专家组根据感观检查、实验室检测与检验，对动物产品作出是否为不合格动物产品的判定，并形成专家意见书。

5 内容与步骤

5.1 感官检查内容

5.1.1 放血状况

5.1.1.1 血管内有较多血液，呈紫红色。

5.1.1.2 器官或组织内有坠积性淤血。

5.1.2 皮

5.1.2.1 有出血斑、点，疹块，溃烂等病理变化。

5.1.2.2 黄染。

5.1.3 肌肉

5.1.3.1 肌肉弹性低。

5.1.3.2 灰暗无光或暗紫色。

5.1.3.3 有异常气味。

5.1.3.4 发黏。

5.1.3.5 按压有淡红色液体流出。

5.1.4 脂肪

5.1.4.1 黄染。

5.1.4.2 淡红色。

5.1.4.3 有酸败气味。

5.1.5 淋巴结

5.1.5.1 周围组织水肿。

5.1.5.2 切面充血。

5.1.5.3 切面水肿。

5.1.5.4 切面出血。

5.1.5.5 切面坏死。

5.1.5.6 淋巴结表面呈苍白或暗红色、紫色。

5.1.5.7 其他特征性变化。

5.1.6 脏器

5.1.6.1 视检心、肝、脾、肺、肾、胃和肠等内脏器官，有淤血、出血、黄染、肿胀、变性、坏死、增生等病变。

5.1.6.2 触检脏器实质弹性低，有变质、坏死、硬化、肿瘤、结节或硬块等病变。

5.1.6.3 剖检脏器有淤血、出血、肿胀、渗出物、结石、萎陷、气肿、水肿、坏死、溃疡、脓肿、钙化和干酪化等病变。

5.2 实验室检测与检验内容

5.2.1 病原学检验

由通过计量认证和质量认证的检验机构根据送检样品的病理特征或送检单位委托要求，按照一、

二、三类动物疫病的国家、行业标准规定，实施细菌、病毒、寄生虫或其他病原检验，检验结果作为判定的依据。

5.2.2 挥发性盐基氮检验

采样进行挥发性盐基氮检验，采样按照 GB/T 9695.19—2008 的规定执行，检验、判定按照 GB 5009.228—2016 的规定执行。

5.2.3 其他理化指标及残留检测

采样进行铅、镉、无机砷、总汞和农药残留、兽药残留、"瘦肉精"等违法添加物等检验，采样按照 GB/T 9695.19—2008 的规定执行，检验、判定按照 GB 16869—2005 和 GB 2707—2016 等标准的规定执行。

6 结果判定

6.1 直接判定

符合 5.1.1 和 5.1.2、5.1.3、5.1.4、5.1.5、5.1.6 中的小项 3 个及以上的（其中，5.1.6 的小项中表述的症状出现任何一种，即可判定符合该小项），判定为不合格动物产品。

6.2 综合判定

符合 5.1.1 和 5.1.2、5.1.3、5.1.4、5.1.5、5.1.6 中的小项 2 个及以上的（其中，5.1.6 的小项中表述的症状出现任何一种，即可判定符合该小项），病原学检验检出一、二、三类动物疫病病原或残留检测超标一种及以上的，判定为不合格动物产品。

6.3 单项判定

挥发性盐基氮超标或检出"瘦肉精"等违法添加物的，判定为不合格动物产品。

附 录 A

（规范性）

现场检查（勘验）笔录

时间：_____年_____月_____日_____时_____分至_____时_____分

检查（勘验）地点：_____

当事人：_____

检查（勘验）机关：_____

检查（勘验）人员：_____执法证件号：_____

_____   _____

记录人：_____

现场检查（勘验）情况：_____

_____

_____

_____

_____

_____

_____

_____

_____

_____

_____

_____

_____

当事人签名或盖章：   （见证人签名或盖章：   ）

执法人员签名或盖章：

ICS 65.020.30
B 41

DB50

重 庆 市 地 方 标 准

DB50/T 952—2019

动物组织中赭曲霉毒素A的测定
高效液相色谱法和液相
色谱串联质谱法

2019-12-15 发布   2020-03-15 实施

重庆市市场监督管理局 发布

前　言

本文件按照 GB/T 1.1—2009《标准化工作导则　第 1 部分：标准的结构和编写》的规定起草。

本文件由重庆市农业农村委员会提出并归口。

本文件起草单位：重庆市动物疫病预防控制中心、重庆市兽药饲料检测所。

本文件主要起草人：侯亚莉、周莉、李玉平、朱英才、盛欣、胡健、张毅、丁平、范首君、何义刚。

动物组织中赭曲霉毒素A的测定
高效液相色谱法和液相色谱串联质谱法

1 范围

本文件规定了动物组织中赭曲霉毒素A的测定方法。

本文件适用于动物肾脏、肝脏、肌肉组织中赭曲霉毒素A的测定。

2 规范性引用文件

下列文件对于本文本的应用是必不可少的。凡是注日期的引用文件，仅注日期的版本适用于本文件。凡是不注日期的引用文件，其最新版本（包括所有的修改单）适用于本文件。

GB/T 6682 分析实验室用水规格和试验方法

3 高效液相色谱法

3.1 方法原理

用提取液提取试样中的赭曲霉毒素A，经免疫亲和柱净化后，采用高效液相色谱结合荧光检测器测定赭曲霉毒素A的含量，外标法定量。

3.2 试剂和材料

3.2.1 水为符合GB/T 6682规定的一级水。

3.2.2 乙酸乙酯：分析纯。

3.2.3 磷酸：分析纯。

3.2.4 碳酸氢钠：分析纯。

3.2.5 乙酸铵：分析纯。

3.2.6 甲醇：色谱纯。

3.2.7 乙腈：色谱纯。

3.2.8 1 mol/L磷酸溶液：称取磷酸115.3g，用水溶解并稀释至1 000mL。

3.2.9 0.05mol/L碳酸氢钠溶液：称取碳酸氢钠21g，用水溶解并稀释至500mL。

3.2.10 赭曲霉毒素A标准品：纯度大于99%。

3.2.11 赭曲霉毒素A标准储备溶液：精确称取标准品0.010 0g（精确至0.000 1g），置于10 mL棕色容量瓶中，用甲醇定容，得浓度为1mg/mL的标准储备溶液。在2℃~8℃条件下保质期为3个月。

3.2.12 赭曲霉毒素A标准中间溶液：准确移取标准储备溶液1 mL，置于10 mL棕色容量瓶中，用甲醇定容至刻度，标准品浓度为0.1mg/mL。在2℃~8℃条件下保质期为1周。

3.2.13 赭曲霉毒素A标准工作溶液：准确移取适量赭曲霉毒素A标准中间溶液，用乙腈-水溶液（体积比55：45）配制成浓度为0.1ng/mL、0.2ng/mL、0.5ng/mL、1.0ng/mL、5.0ng/mL和10ng/mL的标准工作溶液。现用现配。

3.2.14 淋洗缓冲液：称取12.5g氯化钠、5g碳酸氢钠溶于水，加入0.1 mL吐温-20，用水稀释至1 000mL。

3.2.15 洗脱液：甲醇-乙酸溶液（49：1），量取490mL甲醇和10mL乙酸，混匀。

3.2.16 微孔滤膜：0.22μm，有机系。

3.2.17 赭曲霉毒素 A 免疫亲和柱：规格为 3mL，柱容量≥100ng，或等效柱。

3.3 仪器和设备

3.3.1 分析天平：感量 0.1mg、0.01mg。

3.3.2 液相色谱仪：配荧光检测器。

3.3.3 组织捣碎机。

3.3.4 旋涡混匀器。

3.3.5 氮吹仪。

3.3.6 振荡器。

3.3.7 离心机：转速不低于 5 000 r/min。

3.3.8 pH 计：精度为 0.01。

3.4 试样的制备与保存

取代表性样约 100g，用组织捣碎机捣碎，装入试样袋，密封并做好标识，于−20℃条件下保存。

3.5 提取与净化

3.5.1 样品的提取

准确称取待测样品 2g（精确至 0.001g），置于 50mL 离心试管中，加 0.6mL 磷酸溶液（见 3.2.8），涡旋混匀，放置 15min 后，加入 5mL 乙酸乙酯提取，涡动 3min，4 000rpm 离心 5min，将上清液转入另一个 50mL 离心管中。重复提取 3 次，合并 3 次上清液。上清液加入 5mL 碳酸氢钠溶液（见 3.2.9），涡动 3min，4 000rpm 离心 5min，收集碳酸氢钠溶液层，再提取 2 次，合并 3 次提取液，得到的提取液用磷酸溶液（见 3.2.8）调节 pH 至 7.4～8.4，备用。

3.5.2 样品的净化

将免疫亲和柱置于室温下预先平衡，加入提取液，调节流速不超过 1.0 mL/min，使其缓慢通过免疫亲和柱。待柱内液体流干后，加入 10.0mL 淋洗缓冲液淋洗，弃去全部流出液。把柱内残余液体抽干，加入 3.0mL 洗脱液，收集洗脱液于玻璃刻度试管中，以 50℃氮气吹干。准确加入 1.0 mL 乙腈-水溶液（体积比 55：45）溶解，过滤膜后，采用高效液相色谱法测定。

3.6 测定

3.6.1 高效液相色谱条件

色谱柱：C_{18}柱，柱长 250mm，内径 4.6mm，粒径 5μm，或等效柱。

流动相：乙腈-水（体积比 55：45）。

流速：1.0mL/min。

柱温：25℃。

进样量：10μL。

激发波长：333nm。

发射波长：460nm。

3.6.2 液相色谱测定

按 3.6.1 液相色谱测定条件对标准工作溶液进行及试样溶液进行等体积进样测定，样品中的待测物含量应在标准曲线范围之内，如果含量超过标准曲线范围，应适当稀释后测定，稀释倍数为 D。在该条件下，赭曲霉毒素 A 的标准物质色谱图参见附录 A 中的图 A.1，得到色谱峰面积响应值，用外标法定量测定。

3.7 结果计算和表述

按公式（1）计算试样中赭曲霉毒素 A 的含量 X，以微克/千克（μg/kg）表示。

$$X=\frac{C \times V \times D}{m} \quad\cdots\cdots\cdots\cdots\cdots\cdots\cdots\cdots\cdots\cdots \text{(1)}$$

式中：

C ——由标准曲线得到的样液中赭曲霉毒素 A 的浓度，单位为纳克每毫升（ng/mL）；

V ——样品定容体积，单位为毫升（mL）；

m ——试样质量，单位为克（g）；

D ——稀释倍数；

以平行样的算术平均值作为测定结果，保留至小数点后两位。

3.8 重复性

在重复性条件下获得的两次独立测试结果，绝对差值不超过其算术平均值的 10％。

3.9 其他

动物组织中的赭曲霉毒素 A 检测限为 0.03μg/kg，定量限为 0.1μg/kg。

4 液相色谱-串联质谱法

4.1 方法原理

用磷酸溶液酸化动物组织，乙酸乙酯提取动物组织中的赭曲霉毒素 A，提取液用碱性碳酸氢钠反提，调节提取液的 pH 后，用免疫亲和柱净化，液相色谱-串联质谱测定，外标法定量。

4.2 试剂和材料

4.2.1 水为符合 GB/T 6682 规定的一级水。

4.2.2 乙酸乙酯：分析纯。

4.2.3 磷酸：分析纯。

4.2.4 碳酸氢钠：分析纯。

4.2.5 乙酸铵：分析纯。

4.2.6 甲醇：色谱纯。

4.2.7 乙腈：色谱纯。

4.2.8 1mol/L 磷酸溶液：称取磷酸 115.3g，用水溶解并稀释至 1 000mL。

4.2.9 0.05mol/L 碳酸氢钠溶液：称取碳酸氢钠 21g，用水溶解并稀释至 500 mL。

4.2.10 赭曲霉毒素 A 标准品：纯度大于 99％。

4.2.11 赭曲霉毒素 A 标准储备溶液：精确称取标准品 0.010 0g（精确至 0.000 1g），置于 10mL 棕色容量瓶中，用甲醇定容，得浓度为 1mg/mL 的标准储备溶液。在 2℃～8℃条件下保质期为 3 个月。

4.2.12 赭曲霉毒素 A 标准中间溶液：准确移取标准储备溶液 1mL，置于 10mL 棕色容量瓶中，用甲醇定容至刻度，标准品浓度为 0.1mg/mL。在 2℃～8℃条件下保质期为 1 周。

4.2.13 淋洗缓冲液：称取 12.5g 氯化钠、5g 碳酸氢钠溶于水，加入 0.1mL 吐温-20，用水稀释至 1 000mL。

4.2.14 洗脱液：甲醇-乙酸溶液（49：1），量取 490mL 甲醇和 10mL 乙酸，混匀。

4.2.15 0.01％甲酸溶液：量取 1.0mL 甲酸溶于 1 000mL 水中，混匀。

4.2.16 5mmol/L 乙酸铵 0.01％甲酸溶液：称取 0.385g 乙酸铵，用 0.01％甲酸溶液定容到 1 000mL，混匀。

4.2.17 微孔滤膜：0.22μm，有机系。

4.2.18 赭曲霉毒素 A 免疫亲和柱：规格为 3mL，柱容量≥100ng，或等效柱。

4.3 仪器和设备

4.3.1 分析天平：感量 0.1mg。

4.3.2 液相色谱-串联质谱仪：配有电喷雾电离源。

4.3.3 组织捣碎机。

4.3.4 旋涡混匀器。

4.3.5 氮吹仪。

4.3.6 振荡器。

4.3.7 离心机：转速不低于 5 000 r/min。

4.4 试样的制备与保存

取代表性试样约 100g，用组织捣碎机捣碎，装入试样袋，密封并做好标识，于－20℃条件下保存。

4.5 提取与净化

4.5.1 样品的提取

准确称取待测样品 2g（精确至 0.001g），置于 50 mL 离心试管中；加 0.6 mL 磷酸溶液（见4.2.8），涡旋混匀，放置 15min 后，加入 5mL 乙酸乙酯提取，涡动 3min，4 000rpm 离心 5min，将上清液转入另一个 50mL 离心管中。重复提取 3 次，合并 3 次上清液。上清液加入 5mL 碳酸氢钠溶液（见4.2.9），涡动 3min，4 000rpm 离心 5min，收集碳酸氢钠溶液层，再提取 2 次，合并 3 次提取液，得到的提取液用磷酸溶液（见4.2.8）调节 pH 至 7.4～8.4，备用。

4.5.2 样品的净化

将免疫亲和柱置于室温下预先平衡，加入提取液，调节流速不超过 1.0 mL/min，使其缓慢通过免疫亲和柱。待柱内液体流干后，加入 10.0mL 淋洗缓冲液淋洗，弃去全部流出液。把柱内残余液体抽干，加入 3.0 mL 洗脱液，收集洗脱液于玻璃刻度试管中，以 50℃氮气吹干。准确加入 1.0 mL 乙腈＋5mmol/L 乙酸铵 0.01％甲酸溶液（体积比 30∶70）溶解，过 0.22μm 的微孔滤膜后，采用液相色谱-串联质谱测定。

4.6 基质匹配标准曲线

称取 6 个空白组织样品，按 4.5.1、4.5.2 步骤进行样品前处理后制得多个 1mL 空白基质样品溶液，混合均匀。准确移取适量赭曲霉毒素 A 标准中间溶液，以氮气吹干，用 1mL 空白基质样品溶液溶解，配制成浓度为 0.1 ng/mL、0.2 ng/mL、0.5 ng/mL、1.0 ng/mL、5.0 ng/mL 和 10 ng/mL 的基质匹配标准溶液，过 0.22μm 的微孔滤膜，上机测定。以特征离子质量色谱峰面积为纵坐标，标准溶液浓度为横坐标，绘制基质匹配的标准曲线。

4.7 测定

4.7.1 液相色谱条件

色谱柱：Intersil ODS，柱长 150mm，内径 4.6mm，粒径 3.5μm，或等效色谱柱。

流动相：A 相为乙腈，B 相为含 5mmol/L 醋酸铵 0.01％甲酸的水溶液，梯度洗脱程序见表 1。流速为 0.35 mL/min。

柱温：20℃。

进样量：10μL。

表 1　流动相梯度洗脱程序

时间/min	流动相 A/％	流动相 B/％
0	30	70
2	80	20
6	80	20
6.5	30	70
12	30	70

4.7.2 质谱条件

离子源：电喷雾离子源。

扫描方式：正离子扫描。

检测方式：多反应监测 MRM。

电离电压：3.5 kV。

源温度：80℃。

雾化气、碰撞气、辅助加热气均为高纯氮气，使用前应调节各气体流量，使质谱灵敏度达到检测要求。

多反应监测参数参考值见表2。

表2 多反应监测参数

名称	母离子/（m/z）	子离子/（m/z）	采集时间/ms	碰撞能量/eV
赭曲霉毒素 A	404	292[a]	200	24
		358	200	14
注：a 为定量离子				

4.7.3 定性测定

选择1个母离子和2个特征离子，在相同试验条件下，样品中待测物质的保留时间与标准溶液中对应的保留时间偏差在2.5%以内，且样品中定性离子的相对丰度，与浓度接近的标准溶液中对应的定性离子相对丰度比较，偏差不超过表3规定的范围，则可判定为样品中存在对应待测物。

表3 定性确认时相对离子丰度的最大允许偏差

相对离子丰度/%	≥50	20～50	10～20	≤10
允许的最大偏差/%	±20	±25	±30	±50

4.7.4 定量测定

在仪器最佳工作条件下，对基质匹配标准溶液进样，以峰面积为纵坐标，基质匹配标准溶液浓度为横坐标绘制标准曲线，样品溶液中待测物的响应值均应在仪器测定的线性范围内，如果含量超过标准曲线范围，应适当稀释后测定，稀释倍数为 D。在上述色谱和质谱条件下，基质匹配标准溶液特征离子色谱图见附录 A 中的图 A.2。

4.8 结果计算

按公式（2）计算试样中的赭曲霉毒素 A 含量 X，以微克/千克（μg/kg）表示。

$$X = \frac{C \times V \times D}{m} \quad\cdots\cdots (2)$$

式中：

C——由基质匹配标准曲线得到的试样中赭曲霉毒素 A 浓度，单位为纳克每毫升（ng/mL）；

V——样品的总稀释体积，单位为毫升（mL）；

m——试样质量，单位为克（g）；

D——稀释倍数；

以平行样的算术平均值作为测定结果，保留至小数点后两位。

4.9 重复性

在重复性条件下获得的两次独立测试结果，绝对差值不超过其算术平均值的15%。

4.10 其他

动物组织中的赭曲霉毒素 A 检测限为 0.03μg/kg，定量限为 0.1μg/kg。

附　录　A

（资料性）

标准样品色谱图

A.1　赭曲霉毒素 A 标准溶液的高效液相色谱荧光法色谱图

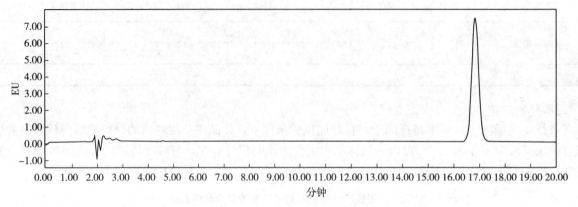

图 A.1　高效液相色谱法中赭曲霉毒素 A 标准品色谱图

A.2　赭曲霉毒素 A 标准溶液超高液相质谱联用法色谱图

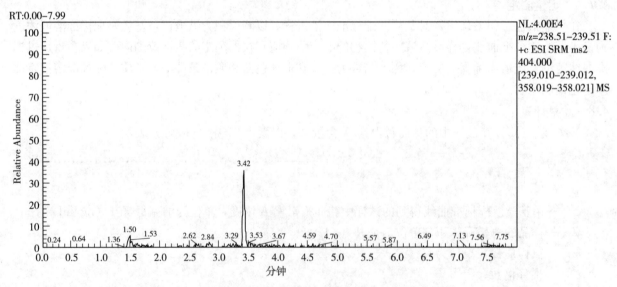

图 A.2　液相色谱-串联质谱法中赭曲霉毒素 A 标准品色谱图

ICS 11.220
B 43

DB50

重 庆 市 地 方 标 准

DB50/T 1006—2020

牛肺炎支原体抗体检测方法

2020-05-20 发布　　　　　　　　　　　　2020-08-20 实施

重 庆 市 市 场 监 督 管 理 局 发布

前　言

本文件按照 GB/T 1.1—2009《标准化工作导则　第 1 部分：标准的结构和编写》的规定起草。

本文件由重庆市动物疫病预防控制中心提出。

本文件由重庆市农业农村委员会归口。

本文件主要起草人：蔺露、曾政、姚璐、董春霞、孙燕、谢建华、陈忠琼、凌洪权、梁望旺、杨泽林、程千川。

牛肺炎支原体抗体检测方法

1 范围

本文件规定了牛肺炎支原体抗体检测方法，利用牛肺炎支原体抗体酶联免疫吸附试验，检测牛肺炎支原体抗体。

本文件适用于检测牛血清（血浆）的牛肺炎支原体抗体。

2 规范性引用文件

下列文件对于本文件的应用是必不可少的。凡是注日期的引用文件，仅注日期的版本适用于本文件。凡是不注日期的引用文件，其最新版本（包括所有的修改单）适用于本文件。

GB/T 1.1—2009 标准化工作导则 第1部分：标准的结构和编写

3 术语和定义

下列术语和定义适用于本文件。

3.1

牛肺炎支原体

引起牛传染性支原体肺炎（又称烂肺病），以肺部病变为主要特征的传染病的一种支原体。

3.2

酶联免疫吸附试验

简称酶联免疫法，或者ELISA法。将已知的抗原或抗体吸附在固相载体（聚苯乙烯微量反应板）表面，使酶标记的抗原抗体反应在固相表面进行，用洗涤法洗除液相中的游离成分，抗体与酶复合物结合，然后通过显色检测。

4 牛肺炎支原体P39抗原酶联免疫吸附试验

4.1 试验材料

洗液，配制见附录A.1；稀释液，配制见附录A.2；标准阳性血清，含牛肺炎支原体抗体的牛血清，标准阴性血清，无牛肺炎支原体抗体的牛血清；酶结合物，辣根过氧化物酶（HRP）标记的羊抗牛IgG；底物溶液，配制参见附录A.3、A.4；终止液，配制参见附录A.5。

4.2 操作步骤

4.2.1 样品准备

将被检血清（或血浆）用稀释液（见附录A.2）按1∶40稀释。

4.2.2 加样

取出抗原包被板，A1、B1加入100μL阴性对照；C1、D1加入100μL阳性对照；其余孔加入1∶40稀释的被检血清（血浆），每孔100μL。将加样位置做好记录，用封膜封板，室温孵育30min。

4.2.3 洗涤

吸除孔内液体，每孔加300μL冲洗液（见附录A.1）冲洗，重复5次，在吸水纸上轻拍，确保孔内无残留液体。

4.2.4 加酶标抗体

每孔加入酶标抗体液100μL，以封膜封板，室温孵育30min。

4.2.5 洗涤

洗涤方法同 4.2.3。

4.2.6 加底物

每孔加入 $100\mu L$ 底物使用液（见附录 A.3 和附录 A.4），室温孵育 10min。

4.2.7 终止

加终止液（见附录 A.5），$100\mu L$/孔，使其终止反应。

4.3 结果判定

设定酶标仪检定波长在 450nm（即 OD 值），阳性对照均值（PC）>0.5，阳性对照 OD 值的均值（PC）与阴性对照均值（NC）的比值>4，判定实验有效，若两者不成立，则实验无效，需重复。待测样本的判定：$S/P \geqslant 0.4$ 者为阳性样本，$S/P < 0.4$ 者为阴性样本。

$$S/P = \frac{S-NC}{PC-NC}$$

其中：S 为待测样本的 OD 值。

附 录 A

试剂的配制

A.1 磷酸盐缓冲液（含 0.05％Tween-20 的 0.01mol/L pH7.4 的 PBS，即 PBST）

A.1.1 PBS

氯化钠 8g。

磷酸二氢钠 0.2g。

磷酸氢二钠 2.9g。

氯化钾 0.2g。

蒸馏水加至 1 000mL。

A.1.2 PBST

Tween-20 0.5mL。

加 0.01mol/L pH7.4 的 PBS 至 100mL。

A.2 稀释液（含 0.1％BSA 的 PBST）

牛血清白蛋白（BSA）0.1g。

PBST 加至 100mL。

4℃存放，避光。

A.3 底物缓冲液

柠檬酸 0.47g。

十二水合磷酸氢二钠 1.84g。

蒸馏水加至 100mL，pH5.0～5.4。

A.4 底物使用液

TMB（2mg/mL）0.5mL。

底物缓冲液（pH5.5）9.5mL。

0.75％H_2O_2 42μL。

A.5 终止液

浓硫酸 11.1mL。

蒸馏水 88.9mL。

ICS 65.020.30
CCS B 40

DB50

重 庆 市 地 方 标 准

DB50/T 1062—2020

幼兔肠道疾病预防技术规程

2020-11-01 发布

2021-02-01 实施

重庆市市场监督管理局 发布

前　言

本文件按照 GB/T 1.1—2009《标准化工作导则　第一部分：标准的结构和编写》的规定起草。

本文件由西南大学提出。

本文件由重庆市农业农村委员会归口。

本文件起草单位：西南大学。

本文件主要起草人：吕景智、李洪军、贺稚非、范成莉、沈代福、王自力、李明晖、孙雅望。

幼兔肠道疾病预防技术规程

1 范围

本文件规定了幼兔肠道疾病预防的术语和定义、幼兔肠道健康的观察和预防幼兔肠道疾病的措施等内容。

本文件适用于肉兔养殖场。

2 规范性引用文件

下列文件对于本文件的应用是必不可少的。凡是注日期的引用文件，仅注日期的版本适用于本文件。凡是不注日期的引用文件，其最新版本（包括所有的修改单）适用于本文件。

GB 13078 饲料卫生标准

NY 5027 无公害食品 畜禽饮用水水质

NY 5032 无公害食品 畜禽饲料和饲料添加剂使用准则

NY 5131 无公害食品 肉兔饲养兽医防疫准则

病死及病害动物无害化处理技术规范

3 术语和定义

下列术语和定义适用于本文件。

3.1

幼兔 young rabbit

从断奶到 3 月龄的兔。

4 健康状况的观察

4.1 行为表现

幼兔精神沉郁、被毛粗乱、可视黏膜发绀、流泪、磨牙、流涎、食欲减退或废绝、很少运动或俯卧于笼内，应关注幼兔的肠道问题。

4.2 饮水、采食

幼兔饮水量突然增减，或采食量突然减少，应关注肠道问题。

4.3 粪便

粪便颗粒细小而坚硬，粪便两头尖、成串、软粪、表面附有透明或半透明黏液、糊状，呈水样粪便 或白色泡沫状稀便时，判断为出现肠道疾病。

5 肠道疾病的预防

5.1 投入品管控

5.1.1 饲料和饲料添加剂

5.1.1.1 饲料产品的卫生应符合 GB 13078 的要求。

5.1.1.2 饲料的使用应符合 NY 5032 的要求。

5.1.1.3 饲料中的营养水平为能量 10.5 MJ/kg、粗蛋白质 16%、粗纤维 14%、酸性洗涤纤维 19%～22%、中性洗涤纤维 30%～33%、木质素 5.5%。

5.1.1.4 饲料保管坚持先进先出，使用保质期内无发霉、变质的饲料。随时检查食盒中的饲料，清理被尿液或水打湿，或者存留时间过长的饲料。

5.1.1.5 在饲料或饮水中添加益生菌、酶制剂、酸化剂等饲料添加剂，增加免疫力，预防肠道疾病。

5.1.1.6 在更换饲料时，逐步用新饲料替代原有饲料，每天的替代量不能超过 1/3，过渡期为 7d 左右。

5.1.2 饮水

饮水的质量应符合 NY 5027 的要求。

5.1.3 药物

在治疗幼兔疾病的过程中，应慎重选择使用兽药，避免药物滥用，导致肠道菌群失调。

5.2 环境管控

5.2.1 通风

保持兔舍通风良好，风速适中，地面干燥。

5.2.2 清洁卫生

定期清扫兔场内的杂物，保持良好的清洁状态。

5.3 应激管控

5.3.1 在因转群、注射而捉兔时，应轻捉轻放，尽量减少应激。

5.3.2 在运输、气候骤变等易出现应激的情况下，在饮水或饲料中添加可增强免疫力的添加剂，缓解应激。

5.4 主要肠道疾病管控

5.4.1 球虫病

在饮水或饲料中添加抗球虫药，几种球虫药交替使用，添加量应参考说明书而定。球虫药的使用应符合《中华人民共和国兽药典》的规定。

5.4.2 其他肠道疾病

根据兔场和周边兔场的实际情况，合理制定监测、免疫、预防等措施。

5.5 消毒防疫

消毒防疫应符合 NY 5131 的要求。

5.6 病死兔的无害化处理

参考农业农村部印发的《病死及病害动物无害化处理技术规范》。

ICS 65.020.30
CCS B 41

DB50

重 庆 市 地 方 标 准

DB50/T 1244—2022

基于 *plo* 基因的山羊化脓隐秘
杆菌PCR 检测方法

2022-06-01 发布　　　　　　　　　2022-09-01 实施

重 庆 市 市 场 监 督 管 理 局　发布

前　言

本文件按照 GB/T 1.1—2020《标准化工作导则　第 1 部分：标准化文件的结构和起草规则》的规定起草。

请注意本文件的某些内容可能涉及专利。本文件的发布机构不承担识别专利的责任。

本文件由重庆市畜牧科学院提出。

本文件由重庆市农业农村委员会归口。

本文件起草单位：重庆市畜牧科学院。

本文件主要起草人：张素辉、沈克飞、许国洋、付利芝、徐登峰、朱燕、蒋雨、周俊、陈朝洪、龙小飞、冯刚、邓小龙、刘博。

基于 *plo* 基因的山羊化脓隐秘杆菌 PCR 检测方法

1 范围

本文件规定了基于 *plo* 基因的山羊化脓隐秘杆菌 PCR 检测方法的缩略语、原理、试剂材料、仪器设备、方法步骤、结果判定、废弃物处理等内容。

本文件适用于山羊化脓隐秘杆菌病的 PCR 诊断。

2 规范性引用文件

下列文件中的内容通过文中的规范性引用而构成本文件必不可少的条款。其中，注日期的引用文件，仅该日期对应的版本适用于本文件；不注日期的引用文件，其最新版本（包括所有的修改单）适用于本文件。

GB/T 6682 分析实验室用水规格和试验方法

GB 19489 实验室 生物安全通用要求

NY/T 541 兽医诊断样品采集、保存与运输技术规范

SN/T 3223 动物传染病 PCR 检测技术确认规范

3 术语和定义

本文件没有需要界定的术语和定义。

4 缩略语

下列缩略语适用于本文件。

DNA：脱氧核糖核酸（Deoxyribo nucleic Acid）

PCR：聚合酶链式反应（Polymerase Chain Reaction）

PLO：溶血素（Pyolysin）

TSA：胰酪大豆胨琼脂培养基（Tryptic Soy Agar soybean－casein digest agar）

TSB：胰酪大豆胨液体培养基（Tryptic Soy Broth soybean－casein digest medium）

5 原理

5.1 本文件针对山羊化脓隐秘杆菌的 *plo* 基因，设计合成特异引物，提取细菌 DNA 作为模板，在 DNA 聚合酶的作用下，经高温变性、低温退火和中温延伸的多次循环，使特异 DNA 片段的拷贝数放大数百万倍。扩增的 DNA 片段经琼脂糖凝胶电泳检测，用凝胶成像仪观察，可见阳性条带。

5.2 该检测方法只能使化脓隐秘杆菌基因组 DNA 扩增出特异条带。

6 试剂材料、仪器设备

6.1 试剂材料

实验用水均符合 GB/T 6682 二级水规定。除另有规定外，所用试剂均为分析纯及以下试剂：

a) 化脓隐秘杆菌标准菌株，编号 ATCC 49698；

b) 细菌基因组 DNA 提取试剂盒：商品化试剂盒；

c) 无水乙醇；

d) 2×Taq PCR MasterMix；

e) 核酸染料；

f) DNA 上样缓冲液；

g) 琼脂糖；

h) DNA 分子量标记：DNA Marker 2 000；

i) 特异性引物：*plo*-F：TTGATAACGGTCCACCACGG；*plo*-R：CACTGCCACGACCTA-CAAGT。靶基因片段序列及引物在靶基因中的位置见附录 A；

j) 离心管、透明薄壁 PCR 管（0.2 mL）、医用棉签、解剖器械（手术刀、剪刀、镊子）、样品袋；

k) TSA 固体培养基、TSB 液体培养基、TAE 电泳缓冲液，配制方法见附录 B。

6.2 仪器设备

根据实验需要，仪器设备应符合以下要求：

a) 电子天平（感量 0.001g）；

l) 高压灭菌锅（温度范围：105℃～135℃，工作压力：≤0.35MPa）；

m) 高速离心机（可控温至 4℃，离心速度可达 12 000r/min 以上）。

n) 电热恒温鼓风干燥箱（温控范围：10℃～300℃，恒温波动度≤±1℃）；

o) 二级生物安全柜；

p) 恒温培养箱（温度范围 5℃～50℃，温度均匀度≤±1℃）；

q) 纯水仪；

r) 组织研磨仪；

s) 制冰机；

t) 恒温水浴锅（温度范围 5℃～50℃，温度均匀度：≤±1℃）；

u) 4℃冰箱（温控范围 2℃～8℃）；－20℃冰箱；

v) PCR 仪；

w) 电泳仪（电压 90V～120V）；

x) 凝胶成像仪；

y) 微量移液器（2μL，20μL，200μL，1 000μL）及配套吸头。

7 方法步骤

7.1 样品采集与保存

按照 NY/T 541 的规定执行。

7.1.1 样品采集

根据临床情况，可以采集以下样品：

a) 组织样：无菌采集肺脏、淋巴结病变部位，将其放入密闭的样品袋内，并应做好样品标识；

b) 胸腔积液：若有胸腔积液，在完全暴露胸腔前，用 2mL 或 5mL 注射器无菌吸取 1～2mL 胸腔积液，分装于 1.5mL 离心管中，并应做好样品标识；

c) 脓液：若有肩前或股前淋巴结肿大、化脓，在脓肿部位表面进行常规碘酊消毒，灭菌手术刀在脓肿下部划开小于 1cm 的创口，挤出脓液，用去掉针头的 5 mL 注射器吸取脓液，分装于 1.5 mL 离心管中，并应做好标识。

7.1.2 样品保存

应将采集的样品在 4℃条件下保存，立即送到实验室。

7.2 样品处理

7.2.1 实验环境

实验操作应符合 GB 19489 的要求，在二级生物安全实验室进行。

7.2.2 组织样处理

肺脏、淋巴结等组织样处理方法如下：

a) 取 4g～5g 组织样，剪碎、研磨，用 5mL 灭菌超纯水混悬；

b) 2 000r/min 离心 2min，取上清液；

c) 10 000r/min 离心 10min，弃上清液；

d) 沉淀以 200μL 超纯水重悬，备用。

7.2.3 胸腔积液、脓液处理

胸腔积液、脓液等样品处理方法如下：

a) 无菌吸取 500μL 胸腔积液或脓液至 1.5mL 灭菌离心管中，加入 500μL 超纯水，震荡混匀；

b) 10 000r/min 离心 10min，弃上清，收集沉淀；

c) 沉淀以 200μL 超纯水重悬，备用。

7.2.4 可疑培养物样品处理

取待检液体培养物（纯培养物或混合培养物）1mL，10 000 r/min 离心 5 min，弃上清，沉淀以 200μL 重悬，备用。

7.2.5 阳性对照

化脓隐秘杆菌标准菌株经 TSA 复苏，纯化培养后转接 TSB 培养，作为阳性对照，处理应同 7.2.4。

7.2.6 阴性对照

灭菌超纯水，处理应同 7.2.4。

7.3 DNA 提取

取 7.2 获得的样品，采用同等商品化试剂盒提取 DNA。

7.4 PCR 扩增

7.4.1 基本要求

PCR 检测过程中的敏感性、特异性、重复性等应符合 SN/T 3223 的要求。

7.4.2 PCR 反应体系组成

将提取的 DNA 模板进行 PCR 扩增，阴性对照为超纯水，PCR 反应体系 20μL，反应体系见表1。

表 1 PCR 反应体系

组分	体积/μL
2×Taq MasterPCR Mix	10
plo-F（10μmol/L）	0.5
plo-R（10μmol/L）	0.5
DNA 模板	1
超纯水	8
总体积	20

7.4.3 PCR 反应程序

94℃2min；94℃30s，60℃30s，72℃15s，30 个循环；72℃3min；4℃保存。

7.4.4 PCR 产物检测

取 PCR 产物进行琼脂糖凝胶电泳，方法操作如下：

a) 参照附录 B 制备 50×TAE 电泳缓冲液，稀释为 1×TAE 使用；

b) 配制含核酸染料的 1.2％琼脂糖凝胶；

c) 取 5μL PCR 扩增产物与 6×DNA 上样缓冲液，按体积比 5：1 混合后加入加样孔；

d) 用 1×TAE 缓冲液作电泳液，在恒压 120V 下进行电泳；

e) 电泳 30min 后将凝胶取出，置于凝胶成像仪中，观察 PCR 结果。

8 结果判定

8.1 检测结果成立条件

阳性对照 PCR 产物经电泳后在 264bp 出现目的条带，阴性对照 PCR 产物电泳后没有条带，检测结果成立。判定图见附录 C。

8.2 结果描述及判定

8.2.1 在检测结果成立的前提下，如果检测样品中 PCR 产物经电泳后在 264bp 的位置上出现一条特异性条带，判为阳性，即该样品为化脓隐秘杆菌核酸阳性。

8.2.2 在检测结果成立的前提下，如果检测样品中 PCR 产物经电泳后在 264bp 的位置上未出现一条特异性条带，判为阴性，即该样品为化脓隐秘杆菌核酸阴性。

8.2.3 如果阳性对照无相应的目的条带，可能是存在操作失误，该检测需要重新进行；如果阴性对照有相应的目的条带，可能是阴性对照存在污染或是操作失误，该检测需要重新进行。

9 废弃物处理

检测过程中的废弃物，应做好无害化处理，应符合 GB 19489 的要求。

附　录　A

（资料性）

靶基因片段序列及引物在靶基因中的位置

化脓隐秘杆菌 *plo* 基因 DNA 片段序列及引物在靶基因中的位置见图 A.1。

```
        CTAGGGTTTAACATTTTCCTCGACCCAGGGATTGAGCGTCGTACCCTTAAGGACGATCTCTC
        GATGTGGCACCAAGGGGAGATTCT
plo-F ─► TCTTG TTGATAACGGTCCACCACGG ATCCCACGCTAGACCTGTCGCCTCACCTGCTTCCACAT
        GGATGTTGCGGGCGTTTGCCGGAAGTTGAATAGTCTCGCGGAAGCCGGCTGTACGGCCG
        ACCCAATTCCCACTCCACGTCTTGGGGGTGCGGATCTCCTTACCCTGCGGGTCGTAGCTGA
        TCTCGTCCCACTTCAGCCTGAACTTCGCGACGTAGCCACCGCCATGGCGGAACGTAATCTC
plo-R ─► ACCAG ACTTGTAGGTCGTGGCAGTG GTTTCAATGTAATCACCGCTGCTCCTAACAGCTGCC
        AGCTGGTTATCCTTCAAGAAATTGACGGCATAGGAAACGGGCACGGCAGGAACCTTCGTG
        GAGAAGGTACTCTCCTCCTTGATAATCTT CTTGAGCGC
```

图 A.1　靶基因片段序列及引物在靶基因中的位置

附 录 B

（规范性）

试剂的配制

B.1　TSA 固体培养基（1 L）

称取本品 40.0g 于 1 L 蒸馏水中，微温溶解，121℃高压灭菌 15min；取出凉至 55℃，无菌条件，按 8％比例加入小牛血清，轻摇混匀后制备平板，37℃培养箱中培养 24h，观察有无菌落，无细菌生长即可备用。

B.2　TSB 液体培养基（1 L）

称取本品 30.0 g 于 1 L 蒸馏水中，微温溶解，121℃高压灭菌 15min；取出凉至 55℃，无菌条件，按 8％比例加入小牛血清，混匀后分装，备用。

B.3　TAE 电泳缓冲液（pH 约 8.5）的配制

称取三羟甲基氨基甲烷（Tris 碱）242g，乙二胺四乙酸二钠（EDTA‑2Na）37.2g，加超纯水约 800mL 充分搅拌溶解后，加入 57.1mL 醋酸充分混匀，最后定容至 1 L。室温保存。

使用前，用超纯水将 50×TAE 电泳缓冲储存液 50 倍稀释即可。

附　录　C

（规范性）

化脓隐秘杆菌 *plo* 基因 PCR 产物电泳判定图

化脓隐秘杆菌 *plo* 基因 PCR 扩增产物电泳图见图 C.1。

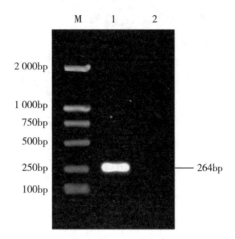

图 C.1　化脓隐秘杆菌 *plo* 基因 PCR 产物电泳判定

标引序号说明：

M——DNA Marker 2 000；

1——阳性；

2——阴性。

ICS 11.220
CCS B 41

DB50

重 庆 市 地 方 标 准

DB50/T 1254—2022

山羊地方性鼻内肿瘤病毒EvaGreen
荧光定量PCR 检测方法

2022-06-01 发布　　　　　　　　　　　　　　2022-09-01 实施

重 庆 市 市 场 监 督 管 理 局　发布

前　言

本文件按照 GB/T 1.1—2020《标准化工作导则　第 1 部分：标准化文件的结构和起草规则》的规定起草。

请注意本文件的某些内容可能涉及专利。本文件的发布机构不承担识别专利的责任。

本文件由重庆市农业农村委员会提出并归口。

本文件起草单位：重庆市畜牧科学院、西南大学、重庆市酉阳土家族苗族自治县畜牧产业发展中心。

本文件主要起草人：陈静、叶超、方仁东、何玮、徐远东、范彦、黄德均、赵金红、孙晓燕、黎年富。

山羊地方性鼻内肿瘤病毒 EvaGreen 荧光定量 PCR 检测方法

1 范围

本文件规定了山羊地方性鼻内肿瘤病毒 EvaGreen 荧光定量 PCR 检测方法的缩略语、原理、试剂和耗材、仪器和设备、样品采集、运输与保存、操作步骤、结果判定、实验室生物安全要求等内容。

本文件适用于山羊地方性鼻内肿瘤病毒核酸的检测。

2 规范性引用文件

下列文件中的内容通过文中的规范性引用而构成本文件必不可少的条款。其中，注日期的引用文件，仅该日期对应的版本适用于本文件；不注日期的引用文件，其最新版本（包括所有的修改单）适用于本文件。

GB 19489　实验室　生物安全通用要求

GB/T 22915　口蹄疫病毒荧光 RT－PCR 检测方法

NY/T 541　兽医诊断样品采集、保存与运输技术规范

3 术语和定义

本文件没有需要界定的术语和定义。

4 缩略语

下列缩略语适用于本文件。

cDNA：互补脱氧核糖核酸（complementary DNA）

Ct 值：每个反应管内的荧光信号达到设定的阈值时所经历的循环数（Cycle threshold）

DEPC：焦碳酸二乙酯（diethyl pyrocarbonate）

ENTV－2：山羊地方性鼻内肿瘤病毒（Enzootic nasal tumor virus 2 of goats）

gDNA：基因组 DNA（genomic DNA）

gDNase：基因组脱氧核糖核酸酶（Genomic deoxyribonuclease）

PBS：磷酸盐缓冲液（Phosphate Buffcred Solution）

PCR：聚合酶链式反应（Polymerase Chain Reaction）

qPCR：荧光定量 PCR（Quantitative PCR）

RNA：核糖核酸（Ribonucleic Acid）

5 原理

根据山羊地方性鼻内肿瘤病毒基因特定的序列设计合成一对特异性引物，该对引物能针对 ENTV－2 目的基因扩增，产生双链 DNA 片段，在 qPCR 反应体系中加入的 EvaGreen 荧光染料能与双链 DNA 片段结合而产生荧光信号，通过检测 PCR 反应液中的荧光信号强弱，实现对目的基因的准确定量。随着 PCR 反应的循环进行，PCR 产物与荧光信号的增长呈现对应关系。

6 试剂和耗材

6.1　除特别说明外，本文件所用试剂均为分析纯，所有试剂均用无 RNA 酶污染的容器（用 DEPC 水处理后高压灭菌）分装。

6.2 RNA 提取试剂：Trizol、三氯甲烷、异丙醇、无水乙醇、DEPC 水，或其他具有同等效果的商品化试剂盒。

6.3 反转录试剂：5×gDNA Buffer（含 gDNase）、FQ‑RT Primer Mix、FastKing RT Enzyme Mix、10×King RT Buffer，或其他具有同等效果的商品化试剂盒。

6.4 反应液：EvaGreen 荧光定量 PCR 反应液。

6.5 特异性引物：ENTV‑2‑F：GAGGCAAATTGAGGCGTTGAT；ENTV‑2‑R：CCCGT‑TCTGCATTCGCTGTAG（靶序列见附录 A）。

6.6 阴性对照：DEPC 水。

6.7 阳性对照：质粒 pMD‑19T‑ENTV‑2。

6.8 PBS 溶液：按照 GB/T 22915 中 PBS 溶液配制的规定执行。

6.9 1.5 mL 离心管（无 RNA 酶）。

6.10 0.2 mL PCR 管。

6.11 医用棉签。

7 仪器和设备

7.1 荧光定量 PCR 仪。

7.2 高速冷冻离心机。

7.3 恒温水浴锅。

7.4 超净工作台。

7.5 生物安全柜（A2 级）。

7.6 微量可调移液器（2.5 μL，10 μL，100 μL，1 mL）及配套带滤芯吸头。

7.7 超低温冰箱。

7.8 常规冰箱。

7.9 制冰机。

7.10 瞬时离心机。

7.11 涡旋振荡仪。

8 样品采集、运输与保存

8.1 采集与运输

样品采集及运输按照 NY/T 541 的规定执行。山羊鼻腔内有鼻液的直接用医用棉签采集，无鼻液的用蘸有 PBS 溶液的医用棉签采集，拭子放入 1.5mL 离心管内，做好标识，再将离心管放入塑料自封袋内，然后放入装有冰袋的保温箱，24h 内运输至实验室。

8.2 保存

按照 GB/T 22915 的规定执行。采集或处理好的样品在 0℃～4℃条件下保存不应超过 24h；如需长期保存，应置−80 ℃冰箱，避免反复冻融。

9 操作步骤

9.1 样品处理

在生物安全柜中，向装有拭子的 1.5 mL 离心管中加入灭菌 PBS 溶液 0.5mL，在涡旋振荡器上振荡 15s，吸出全部 PBS 悬液备用。

9.2 病毒 RNA 的提取

9.2.1 吸取上述样品处理后的 PBS 悬液 0.2mL 置入新的 1.5mL 离心管，加入 0.7mL Trizol，涡旋振荡 15s，室温静置 10min。

9.2.2 加入 0.2mL 三氯甲烷，涡旋振荡 15s，4℃ 12 000rpm 离心 10min，取上清液。

9.2.3 加入 0.5mL 的异丙醇混匀，4℃ 12 000rpm 离心 10min，弃去上清液。

9.2.4 加入 1ml75％乙醇，4℃ 12 000rpm 离心 10min，弃去上清液。

9.2.5 室温静置干燥，加入 20μL DEPC 水溶解沉淀，直接用于实验或置−80℃超低温冰箱内保存。

注：或采用其他具有同等效果的商品化试剂盒提取 RNA。

9.3 反转录

9.3.1 模板 RNA 应在冰上解冻，表1和表2中所用试剂应在室温下解冻，然后使用前分别涡旋振荡混匀，离心 15s，置于冰上备用。

9.3.2 基因组 DNA（gDNA）去除反应体系的配制：在超净工作台中，将表1中的试剂依次加入 PCR 管中，涡旋振荡混匀，离心 15s，在恒温水浴锅中 42℃孵育 3min，作为反转录的 RNA 模板。

表 1　gDNA 去除反应体系

组成成分	使用量/μL
5×gDNA Buffer（含 gDNase）	2
Total RNA	5
DEPC 水	3
总体积	10

表 2　反转录反应体系

试剂	使用量/μL
10×King RT Buffer	2
FQ−RT Primer Mix	2
FastKing RT Enzyme Mix	1
RNA 模板	10
DEPC 水	5
总体积	20

9.3.3 反转录反应体系的配制：在超净工作台中，将表2中的试剂依次加入 PCR 管中，涡旋振荡混匀，离心 15s。

9.3.4 RNA 样品的反转录：42℃ 15min，95℃ 3min，反应结束后，置冰上冷却，得 cDNA 用于后续实验，或放入−20℃冰箱中储存。

9.4 荧光定量 PCR 检测

9.4.1 荧光定量 PCR 反应体系

使用 EvaGreen 荧光定量 PCR 反应液 SsoFast™ EvaGreen® Supermix 进行 PCR。ENTV−2−F 和 ENTV−2−R 浓度均为 10μM，反应体系具体见表3。

表 3　荧光定量 PCR 反应体系

试剂	使用量/μL		
	检测样品	阳性对照	阴性对照
SsoFast. EvaGreen. Supermix	10	10	10
ENTV−2−F	0.4	0.4	0.4
ENTV−2−R	0.4	0.4	0.4
cDNA	1	—	—
pMD−19T−ENTV−2	—	1	—
DEPC	水补足至 20		

9.4.2 荧光定量 PCR 反应条件

预变性 95℃ 2min；变性 95℃ 5s，60 ℃ 30s（收集信号），共 40 个循环；熔解曲线条件为95℃ 15s、60℃ 15s、95℃ 15s。

注：或采用其他具有同等效果的 EvaGreen 荧光定量 PCR 反应液商品化试剂。

10 结果判定

10.1 质控标准

阴性对照无 Ct 值，无特异性扩增曲线，无熔解峰；阳性对照 Ct 值应≤28.0，有特异性扩增曲线，熔解曲线只在 82℃有 1 个熔解峰，实验成立，否则，实验无效。

10.2 结果描述及判定

10.2.1 阴性结果

无 Ct 值，无特异性的扩增曲线，无熔解峰，判定被检样品中山羊鼻内肿瘤病毒核酸为阴性。

10.2.2 阳性结果

Ct 值小于 35.0，出现特异性的扩增曲线，熔解曲线只有 1 个峰，且在 82℃，判定被检样品中山羊鼻内肿瘤病毒核酸为阳性。

10.2.3 可疑样品判定

35.0≤Ct 值≤40.0 的样品应复检，复检的结果仍为 35.0≤Ct 值≤40.0，熔解曲线只有一个峰，且在 82℃，判定为阳性；无 Ct 值者判定为阴性。

11 实验室生物安全要求

实验操作应符合 GB 19489 的规定，在生物安全二级及以上实验室做实验。

附 录 A

（资料性）

引物扩增序列

A.1 引物扩增序列

GAGGCAAATTGAGGCGTTGATGCGACATGCTTGGAATGAGGCTCATGTGCAACCTCCA
GTGACACCGAGTAACATACTGATCATGCTATTGTTATTGCTACAGCGAATGCAGAACGGG

十二、畜牧业信息化

（8个）

ICS 65.020.30
CCS B 40

DB50

重 庆 市 地 方 标 准

DB50/T 1095—2021

畜牧业生产统计规范

2021-03-30 发布   2021-07-01 实施

重庆市市场监督管理局 发布

前　言

本文件按照 GB/T 1.1—2020《标准化工作导则　第 1 部分：标准化文件的结构和起草规则》的规定起草。

本文件由重庆市农业农村委员会提出并归口。

本文件起草单位：重庆市畜牧技术推广总站、合川区畜牧站、重庆市潼南区农业科技推广中心、巫山县畜牧技术推广站、酉阳土家族苗族自治县畜牧产业发展中心、垫江县畜牧生产站、丰都县畜牧技术推广站。

本文件主要起草人：刘羽、周少山、刘芳莉、张科、谭兴疆、朱燕、赵露、潘晓、许东风、郑德菊、黄元善、高敏、李剑、谭剑蓉、冉娜。

畜牧业生产统计规范

1 范围

本文件规定了畜牧业生产统计的术语和定义，统计对象、统计指标等方面的技术要求。

本文件适用于畜牧兽医部门及养殖场、合作社、家庭农场等开展的畜牧生产统计工作。

2 规范性引用文件

本文件没有规范性引用文件。

3 术语和定义

下列术语和定义适用于本文件。

3.1

能繁母畜 breeding female animals

达到初配适龄且有生殖能力的母畜。

3.2

仔畜 young animals

猪、牛、羊、兔、马（驴、骡）、骆驼等家畜的幼仔，仔猪、牛犊、羊羔、仔兔、马（驴、骡）驹、骆驼羔等的统称。

4 统计对象

猪、牛、羊、家禽、兔、蜜蜂等畜禽的生产情况。

5 统计指标

5.1 出栏数

5.1.1 猪、牛、羊出栏数指统计期内出栏，进入屠宰环节和自食的猪、牛、羊头数。猪出栏数不包括"烤小猪"或"乳猪"等。

5.1.2 家禽、兔出栏数指统计期内出栏，进入屠宰环节和自食的家禽、兔只数，不包括出售的雏禽和幼兔。

5.2 存栏数

5.2.1 存栏数指调查日实际饲养的各类畜禽头（只、群）数，不分品种、大小、公母、用途，均包括在内。

5.2.2 能繁母畜存栏数指调查日实际饲养的达到初配适龄且有生殖能力的母畜头（只）数。其中，能繁母畜初配适龄为：8月龄以上的猪；18月龄以上的牛；12月龄以上的羊；6月龄以上的兔；24月龄以上的马；24月龄以上的驴等。

5.2.3 仔畜存栏数指调查日实际饲养的仔猪、牛犊、羊羔、仔兔、马（驴、骡）驹、骆驼羔等家畜幼仔的头（只）数。

5.2.4 奶牛存栏数指调查日以产奶为主要用途的牛的数量，包括经过改良后主要用于产奶的黄牛，不包括经过改良后用于产奶的牦牛、水牛。

5.2.5 奶山羊存栏数指调查日以产奶为主要用途的山羊的数量。

5.2.6 专用型蛋鸡存栏数指用于产蛋的专用品种（品系、配套系）蛋鸡的数量，包括国外引进和国内培育的品种（品系、配套系）。

5.2.7 专用型肉鸡存栏数指用于产肉的专用品种（品系、配套系）肉鸡的数量，包括国外引进和国内培育的品种（品系、配套系）。

5.2.8 兼用型鸡存栏数指除专用型蛋鸡、专用型肉鸡以外的所有鸡的数量。

5.2.9 蜂存栏数指保有的蜂群数量。

5.3 产量

5.3.1 肉类总产量指统计期内出栏，用于屠宰和自食的畜禽的肉产量。肉类总产量为牛肉、马肉、驴肉、骡肉、骆驼肉、猪肉、羊肉、家禽肉、兔肉等肉类之和。

5.3.2 猪、牛、羊、家禽、兔、马、驴、骡、骆驼肉产量指其胴体重量。

5.3.3 奶产量指在统计期内，牛、羊奶产量的总量，包括出售和自食的各种牛（荷斯坦牛，改良后用于产奶的黄牛、牦牛、水牛）、羊生产的生鲜乳产量。牛犊、羊羔直接吮食的部分不统计产量。

5.3.4 禽蛋产量指在统计期内，鸡、鸭、鹅的产蛋总量。

5.3.5 蜂蜜产量指在统计期内，已经收获的全部蜂蜜产量，喂给蜜蜂的蜂蜜不统计产量。

ICS 65.020.30
CCS B 40

DB50

重 庆 市 地 方 标 准

DB50/T 1096.1—2021

畜牧兽医大数据应用与管理
第1部分：总则

2021-03-30 发布

2021-07-01 实施

重庆市市场监督管理局 发布

前　言

本文件按照 GB/T 1.1—2020《标准化工作导则　第 1 部分：标准化文件的结构和起草规则》的规定起草。

本文件是 DB50/T 1096 的第 1 部分。DB50/T 1096 已经发布了以下部分：

——第 1 部分：总则
——第 2 部分：元数据
——第 3 部分：信息分类与编码
——第 4 部分：数据接口
——第 5 部分：共享交换技术要求
——第 6 部分：信息资源目录
——第 7 部分：管理要求

请注意本文件的某些内容可能涉及专利。本文件的发布机构不承担识别专利的责任。

本文件由重庆市农业农村委员会提出并归口。

本文件起草单位：重庆市畜牧技术推广总站、重庆大学、广州中科易德科技有限公司、西南大学、广州中国科学院软件应用技术研究所。

本文件主要起草人：李晓波、陈红跃、夏云霓、樊莉、张科、李引、何道领、古平、黄文明、朱燕、万昀烨、陈雷。

畜牧兽医大数据应用与管理
第1部分：总则

1 范围

本文件规定了畜牧兽医行业大数据的术语和定义、应用与管理的框架。

本文件适用于畜牧兽医行业大数据的应用与管理工作。

2 规范性引用文件

本文件没有规范性引用文件。

3 术语和定义

下列术语和定义适用于本文件。

3.1

畜牧兽医大数据 animal husbandry and veterinary big data

与畜牧兽医相关的畜牧业生产、疫病防控、执法监管等环节中产生的各类信息数据的总称。

3.2

畜牧兽医云 animal husbandry and veterinary cloud

通过按需、易扩展的方式，采集、传输、存储、处理和交换一定区域内的畜牧兽医相关数据，统一提供计算、网络和存储服务的软硬件系统的总称。

3.3

共享交换 sharing and exchange

整合分散建设的若干应用系统，通过传输及共享计算机网络数据，提高数据资源的利用率。

3.4

数据接口 data interface

数据对接与传输过程中需要的软硬件、网络环境及其在信息交换时需要遵从的通信方式和要求。

4 畜牧兽医大数据应用与管理组成

4.1 框架

主要包括元数据、信息分类与编码、数据接口、共享交换技术要求、信息资源目录和管理要求共6个部分，见图1。

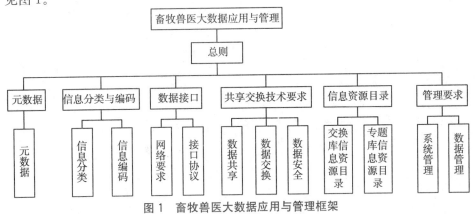

图1 畜牧兽医大数据应用与管理框架

4.2　元数据

约束畜牧兽医行业大数据应用与管理的元数据，用于统一规范化描述畜牧兽医行业有关数据集的属性。

4.3　信息分类与编码

约束畜牧兽医行业大数据的信息分类与编码，为制定畜牧兽医行业大数据的信息分类与编码方案提供技术规范。

4.4　数据接口

约束畜牧兽医行业大数据接口的网络要求和接口协议，用于畜牧兽医各级管理与服务系统之间数据的对接与传输。

4.5　共享交换技术要求

约束畜牧兽医行业大数据共享与交换的技术要求，为畜牧兽医行业大数据的共享与交换提供技术规范。

4.6　信息资源目录

约束畜牧兽医行业大数据交换库和专题库的信息资源目录体系，用于畜牧兽医云的信息资源目录构建。

4.7　管理要求

约束畜牧兽医行业大数据的数据目录、数据共享、数据开放、系统管理、安全管理的要求，用于畜牧兽医行业大数据的应用管理。

ICS 65.020.30
CCS B 40

DB50

重 庆 市 地 方 标 准

DB50/T 1096.2—2021

畜牧兽医大数据应用与管理
第2部分：元数据

2021-03-30 发布   2021-07-01 实施

重庆市市场监督管理局 发布

前　言

本文件按照 GB/T 1.1—2020《标准化工作导则　第 1 部分：标准化文件的结构和起草规则》的规定起草。

本文件是 DB50/T 1096 的第 2 部分。DB50/T 1096 已经发布了以下部分：

——第 1 部分：总则
——第 2 部分：元数据
——第 3 部分：信息分类与编码
——第 4 部分：数据接口
——第 5 部分：共享交换技术要求
——第 6 部分：信息资源目录
——第 7 部分：管理要求

请注意本文件的某些内容可能涉及专利。本文件的发布机构不承担识别专利的责任。

本文件由重庆市农业农村委员会提出并归口。

本文件起草单位：重庆市畜牧技术推广总站、重庆大学、广州中科易德科技有限公司、西南大学、广州中国科学院软件应用技术研究所。

本文件主要起草人：李晓波、古平、李引、陈红跃、夏云霓、樊莉、张科、何道领、黄文明、朱燕、赖鑫、高敏、陈雷。

畜牧兽医大数据应用与管理
第 2 部分：元数据

1 范围

本文件规定了畜牧兽医行业大数据应用与管理的元数据。

本文件适用于畜牧兽医行业有关数据集属性的统一规范化描述。

2 规范性引用文件

下列文件中的内容通过文中的规范性引用而构成本文件必不可少的条款。其中，注日期的引用文件，仅该日期对应的版本适用于本文件；不注日期的引用文件，其最新版本（包括所有的修改单）适用于本文件。

GB/T 7408　数据元和交换格式　信息交换　日期和时间表示法

GB/T 18391.1—2009　信息技术　元数据注册系统（MDR）　第 1 部分：框架

GB/T 19710—2005　地理信息　元数据

3 术语和定义

下列术语和定义适用于本文件。

3.1

元数据　metadata

定义和描述其他数据的数据。

［来源：GB/T 18391.1—2009，3.2.16］

3.2

数据集　dataset

可以识别的数据集合。

［来源：GB/T 19710—2005，4.2］

4 畜牧兽医数据集的元数据

4.1 元数据组成

畜牧兽医行业数据集的元数据包括核心元数据与参考元数据。参考元数据与核心元数据的包含关系见图1。

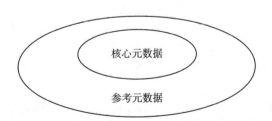

图 1　参考元数据与核心元数据的包含关系

4.2 元数据框架

畜牧兽医行业数据集的元数据规定了 7 个元数据子集，详见 4.5、4.6：

a) 元数据标识信息：包含元数据本身的基本信息。

b) 数据集标识信息：包含元数据描述的数据集的基本信息。

c) 内容信息：包含数据内容特征的描述信息。

d) 分发信息：包含数据分发的信息以及用户获得数据的途径。

e) 数据质量信息：包含数据集数据质量信息的说明。

f) 限制信息：包含访问和使用元数据或数据集的限制信息。

g) 维护信息：包含元数据或数据集的更新频率及更新范围的信息。

畜牧兽医行业数据集参考元数据的聚集关系与依赖关系见图2。

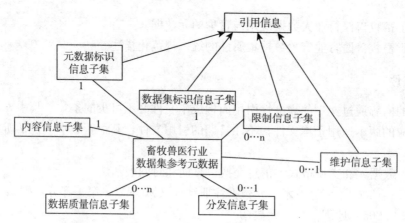

图 2　畜牧兽医行业数据集参考元数据的聚集关系与依赖关系

4.3　元数据的结构层次

按照 GB/T 18391.1 的要求，元数据的结构包含元数据元素、元数据实体和元数据子集 3 个层次：

a) 元数据元素：最基本的信息单元。例如数据集名称、数据集标识符、元数据创建日期等。

b) 元数据实体：同类元数据元素的集合。例如"数据集提交和发布方"这一元数据实体需要"单位名称""联系人""联系电话"等若干个元数据元素来说明。

c) 元数据子集：元数据的子集合，由元数据元素与元数据实体组成。例如标识信息、内容信息、分发信息等。

4.4　元数据摘要描述

元数据摘要描述定义畜牧兽医行业数据集的元数据内容。表 1 给出了元数据的元素、实体与子集的定义。表 2 给出了元数据元素表达式符号的含义。

表 1　元数据摘要描述符

描述符	约束性	说明
中文名称	必选	元数据子集、元数据实体或元数据元素的中文名称
英文名称	必选	元数据子集、元数据实体或元数据元素的英文名称，一般使用英文全称。英文名称的要求如下：词汇均无缝连写，元数据子集与元数据实体英文名称的每个词汇的首字母均为大写，元数据元素英文名称的首词词汇全部小写，其余词汇的首字母采用大写
定义	必选	描述元数据子集、元数据实体或元数据元素的基本内容，是畜牧兽医大数据信息数据集某个属性和特征的概念与说明
数据类型	必选	对元数据的有效值域，和允许对该值域内的值进行有效操作的规定。数据类型遵循如下规定：元数据子集与元数据实体的数据类型为复合型，元数据元素的数据类型包括数值型、布尔型、字符串、日期型和复合型等；当元数据元素的数据类型为复合型的时候，表明该元数据元素使用了引用信息中的引用数据类型；引用数据类型是由一组元素组成，能被重复引用的元素集合。例如，表示"数据集提交和发布方"和"元数据维护方"两个属性，都要用到"单位名称""联系人""联系电话""通讯地址""邮政编码"和"电子邮件地址"这一组子元素，为了方便表达，畜牧兽医大数据信息元数据定义了一个叫作"负责方"的数据类型，供"数据集提交和发布方"和"元数据维护方"引用

表 1（续）

描述符	约束性	说明
短名	必选	元数据子集、元数据实体或元数据元素的英文缩写名称，具体缩写规则如下：短名在本文件范围内必须唯一；对存在国际或行业惯用英文缩写词汇的元数据元素、实体或子集，采用惯用英文缩写作短名；对于根据英文名称或自定义的短名，在可以保证其（在本文件范围中的所有短名范围内）唯一性的情况下，取每个词汇的前 3 位字母作为其短名，发现如此取词不能保证短名标识的唯一性时，应当延展取词的位数，通常增加 1 位，如果仍然不能满足唯一性要求，则照此顺延；元数据元素、实体或子集的短名中，词汇均无缝连写。元数据子集与实体短名中每个词汇的首字母均为大写；元数据元素短名的首词汇全部小写；其余词汇的首字母采用大写
注解	必选	对元数据子集、元数据实体或元数据元素的含义的进一步解释，包括该元数据的约束/条件（必选、可选）和最大出现次数。当该元数据为可选时，应注明其约束条件
取值规则	可选	元数据元素、元数据实体或元数据子集取值方式的说明。描述元数据元素时必选，描述元数据实体、子集时不选
子元素	可选	根据一定的表示规则确定的一个元数据实体包含的下一级元数据实体或元数据元素。表示规则为："标识符＝表达式"。描述元数据实体、子集时必选，描述元数据元素时不选。具体定义方式见表 2

表 2　元数据元素表达式符号含义

符号	含义
＝	"＝"左侧由"＝"右侧内容替换、生成、组成，补充举例
＋	与，"＋"左侧与右侧的两项都要选择
｜	或（选择），在由"｜"分开的两项之中选择其一
a	表示元数据元素 a 为必选项，且最大出现次数为 1
0 {a} 1	表示 {} 中的元数据元素 a 为可选项，且最大出现次数为 1 或参见其注解
0 {a} n	表示 {} 中的元数据元素 a 为可选项，且最大出现次数为 n 或参见其注解
1 {a} n	表示 {} 中的元数据元素 a 为必选项，且最大出现次数为 n

4.5　畜牧兽医行业数据集核心元数据

畜牧兽医行业数据集的核心元数据包括 8 个必选元数据元素或实体，10 个可选元数据元素或实体。畜牧兽医行业数据集的核心元数据内容见表 3。

表 3　畜牧兽医行业数据集核心元数据内容

核心元数据内容	元素或实体	约束性	在参考元数据中的位置
数据集名称	元素	必选	数据集标识信息
数据集标识符	元素	必选	数据集标识信息
数据集摘要	元素	必选	内容信息
数据集提交或发布方	元素	必选	数据集标识信息
关键词	实体	必选	数据集标识信息
数据集语种	元素	必选	数据集标识信息
元数据创建日期	元素	必选	元数据标识信息
元数据标识符	元素	必选	元数据标识信息
数据集特征数据元	元素	可选	内容信息
数据集发布日期	元素	可选	发布信息
数据集发布格式	实体	可选	发布信息

表 3（续）

核心元数据内容	元素或实体	约束性	在参考元数据中的位置
在线访问地址	元素	可选	发布信息
数据集分类	实体	可选	数据集标识信息
相关环境说明	元素	可选	数据集标识信息
元数据负责方	元素	可选	元数据标识信息
元数据标准名称	元素	可选	元数据标识信息
元数据标准版本	元素	可选	元数据标识信息
元数据更新日期	元素	可选	元数据标识信息

具体核心元数据内容说明见表 4。

表 4　畜牧兽医行业数据集核心元数据具体说明

核心元数据内容	定义	英文名称	数据类型	取值规则/子元素	短名	约束性
数据集名称	简要描述数据集主题与内容的标题	datasetTitle	字符串	自由文本	dataTitle	必选项，最大出现次数为 1
数据集标识符	数据集的唯一标识符	datasetIdentifier	字符串	按照"提交机构-编号-版本号"的命名规则赋值。提交机构使用机构标准名称，版本号用 1 位整数加 2 位小数的表示方式，例如"2.10"（版本）	dataID	必选项，最大出现次数为 1
数据集摘要	数据集内容的简单说明	abstract	字符串	自由文本	abstract	必选项，最大出现次数为 1
数据集提交或发布方	提交或发布数据集，并对数据集的真实性、正确性、可靠性负责的单位或部门	datasetContact	复合型	自由文本	dataContact	必选项，最大出现次数为 1
关键词	用于描述数据集主题的通用词、形式化词或短语	keywords	字符串	自由文本	keyword	必选项，最大出现次数为 n
数据集语种	数据集采用的语言	datasetLanguage	字符串	语种代码	dataLang	必选项，最大出现次数为 n
元数据创建日期	创建、采集元数据的日期	metadataDateStart	日期型	按照 GB/T 7408 的规定，格式应为 YYYY-MM-DD	mdDateStart	必选项，最大出现次数为 1
元数据标识符	元数据的唯一标识	metadataIdentifier	字符串	自由文本	mdID	必选项，最大出现次数为 1
数据集特征数据元	数据集中能够表达数据集核心内容与特征资源的数据元列举	characteristicDataElement	字符串	自由文本	charaDataEle	可选项，最大出现次数为 1
数据集发布日期	数据集提交或发布的日期	datasetPublicationDate	日期型	按照 GB/T 7408 的规定，格式应为 YYYY-MM-DD	dataPubDate	可选项，最大出现次数为 1

表 4（续）

核心元数据内容	定义	英文名称	数据类型	取值规则/子元素	短名	约束性
数据集发布格式	分发数据的格式说明	distributionFormat	复合型	分发格式＝分发格式名称＋0｛版本｝1	distFormat	可选项，最大出现次数为 n
在线访问地址	可以在线访问或获取数据集的信息	online	字符串	在线访问地址，按照 RFC 2396 的规定填写	online	可选项，最大出现次数为 n
数据集分类	数据集的分类信息	datasetCategory	复合型	数据集分类＝类目名称＋类目编码＋分类标准	dataCat	可选项，最大出现次数为 n
相关环境说明	说明数据集产生的处理环境，包括软件、计算机操作系统、文件名和数据量等	environmentDescription	字符串	自由文本	envDesc	可选项，最大出现次数为 1
元数据负责方	提交元数据并对元数据负责的部门和单位	metadataContact	复合型	自由文本	mdContact	可选项，最大出现次数为 n
元数据标准名称	执行的元数据标准名称	metadataStandardName	字符串	自由文本	mdStdName	可选项，最大出现次数为 1
元数据标准版本	执行的元数据标准版本	metadataStandardVersion	字符串	自由文本	mdStdVer	可选项，最大出现次数为 1
元数据更新日期	更新元数据的日期	metadataDateUpdata	日期型	按照 GB/T 7408 规定，格式应当为 YYYY-MM-DD	mdDateUpd	可选项，最大出现次数为 1

4.6 畜牧兽医行业数据集参考元数据

畜牧兽医行业数据集的参考元数据由 7 个元数据子集构成：

a) 中文名称：根实体元数据；

b) 定义：畜牧兽医行业数据集参考元数据的根实体；

c) 英文名称：metaData；

d) 数据类型：复合型；

e) 短名：metaData；

f) 子元素：元数据＝

　　　　　　　元数据标识信息＋

　　　　　　　数据集标识信息＋

　　　　　　　内容信息＋

　　　　　　　0｛分发信息｝1＋

　　　　　　　0｛数据质量信息｝n＋

　　　　　　　0｛限制信息｝n＋

　　　　　　　0｛维护信息｝1。

每个参考元数据子集的说明见表 5。

表5 畜牧兽医行业数据集的参考元数据子集说明

参考元数据子集	定义	英文名称	数据类型	子元素	短名	约束性
元数据标识信息	元数据本身的基本信息	metaDataIdentificationInfo	复合型	元数据标识信息＝ 元数据创建日期＋ 数据集标识符＋ 0〔元数据负责方〕n＋ 0〔元数据更新日期〕1＋ 0〔元数据标准名称〕1＋ 0〔元数据标准版本〕1＋	mDIdInfo	必选项，最大出现次数为1
数据集标识信息	元数据描述的数据集的基本信息	datasetIdentificationInfo	复合型	数据集标识信息＝ 数据集名称＋ 数据集标识符＋ 0〔目的〕1＋ 0〔可信度〕n＋ 1〔数据集提交或发布方〕n＋ 1〔关键词说明〕n＋ 1〔数据集语种〕n＋ 1〔数据集分类〕n＋ 0〔相关环境说明〕1	dataIdInfo	必选项，最大出现次数为1
内容信息	数据集内容特征的描述信息	content	复合型	内容信息＝ 数据集摘要＋ 0〔数据集特征数据元〕1＋ 0〔数据获取手段〕1＋ 0〔数据描述对象〕n＋	cont	必选项，最大出现次数为1
分发信息	数据集的分发格式和分发方式的信息	distributionInfo	复合型	分发信息子集＝ 0〔数据集发布格式〕n＋ 0〔数据集发布日期〕n＋ 0〔在线访问地址〕n＋ 0〔离线发布介质〕n	distInfo	可选项，最大出现次数为1
数据质量信息	数据集质量的总体评价信息	dataQualityInfo	复合型	数据质量信息＝数据志说明	dataQuaInfo	可选项，最大出现次数为n
限制信息	访问和使用数据集和元数据的限制信息	dataConstraints	复合型	限制信息＝ 0〔数据集限制信息〕n＋ 0〔元数据限制信息〕n＋	dataConst	可选项，最大出现次数为n
维护信息	更新与维护数据集或元数据的有关信息	maintenanceInfo	复合型	维护信息＝ 0〔数据集维护信息〕n＋ 0〔元数据维护信息〕n＋	maintInfot	可选项，最大出现次数为1

4.7 元数据著录

用户著录畜牧兽医行业数据集元数据，可参考附录 A。

4.8 元数据扩展

4.8.1 扩展原则

新扩展的元数据需要遵循两条基本原则：

a) 新建的元数据不应与参考元数据中现有的元数据元素、实体、子集的名称、定义冲突；

b) 如果共享元数据标准中规定了不允许的情况，则不得扩展这些不被允许的内容。

4.8.2 扩展步骤

元数据扩展的步骤包含以下环节；如图 3 所示：

a) 分析参考元数据：对参考元数据进行全面分析，不仅要针对元数据元素/实体的名称，还应分析它们的定义、数据类型、约束条件、值域和最大出现次数等属性，在不能满足需要的情况下扩展；

b) 使用已有的元数据元素、实体、子集等：如果参考元数据中存在能够满足要求的元数据元素、实体、子集，直接采用即可，无须新扩展元数据；

c) 定义新的元数据元素：给出新元数据元素；

d) 定义新的元数据实体：给出新元数据实体的属性信息，确定构成元数据实体的元数据元素；

e) 定义新的元数据子集：建立新的元数据子集，确定该元数据子集的定义，确定新建的元数据子集中包含的元数据元素、实体等；

f) 形成元数据扩展文档：根据新定义的元数据元素、实体、子集等，更新对应的摘要描述信息。

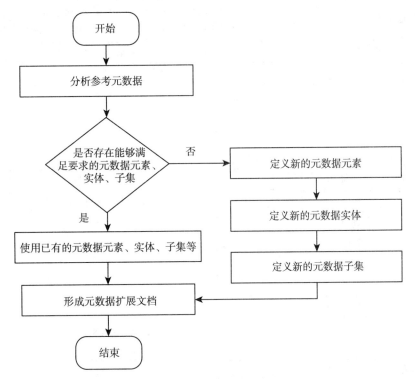

图 3　元数据扩展的流程

附　录　A

（资料性）

畜牧兽医行业数据集核心元数据著录示例

表 A.1 为畜牧兽医行业数据集核心元数据著录示例。

表 A.1　畜牧兽医行业数据集核心元数据著录示例

元数据项		元数据值
数据集名称		新兽药注册品种批准情况
数据集标识符		新兽药注册—品种批准情况—1.00
数据集摘要		主要介绍 2019 年重庆地方对新兽药审批情况的统计情况，统计范围包括中药天然药物、化学药品、生物制品、体外诊断试剂、辅料 5 类
数据集提交或发布方	负责单位名称	重庆市农业农村委员会
	联系人姓名	夏商
	联系电话	1860000000
	通信地址	重庆市两江新区黄山大道东段 186 号
	邮政编码	401121
	电子邮件地址	Xyn@163.com
关键词说明	关键词 1	新兽药注册品种
	关键词 2	中药天然药物
	关键词 3	化学药品
	关键词 4	生物制品
	关键词 5	体外诊断试剂
	关键词 6	辅料
	词典名称	
特征数据元		药品名称，英文名，商品名，类别，剂型，规格，生产企业，批准文号，新药证书编号，批准日期，新药证书持有单位
数据集发布日期		2020－02－18
数据集发布格式	发布格式名称	
	版本	
元数据创建日期		2020－02－18

ICS 65.020.30
CCS B 40

DB50

重 庆 市 地 方 标 准

DB50/T 1096.3—2021

畜牧兽医大数据应用与管理
第3部分：信息分类与编码

2021-03-30 发布

2021-07-01 实施

重庆市市场监督管理局 发布

前　言

本文件按照 GB/T 1.1—2020《标准化工作导则　第 1 部分：标准化文件的结构和起草规则》的规定起草。

本文件是 DB50/T 1096 的第 3 部分。DB50/T 1096 已经发布了以下部分：

——第 1 部分：总则

——第 2 部分：元数据

——第 3 部分：信息分类与编码

——第 4 部分：数据接口

——第 5 部分：共享交换技术要求

——第 6 部分：信息资源目录

——第 7 部分：管理要求

请注意本文件的某些内容可能涉及专利。本文件的发布机构不承担识别专利的责任。

本文件由重庆市农业农村委员会提出并归口。

本文件起草单位：重庆市畜牧技术推广总站、重庆大学、广州中国科学院软件应用技术研究所、西 南大学、重庆市巴川中学校。

本文件主要起草人：李晓波、夏云霓、陈红跃、古平、樊莉、张科、何道领、朱燕、李引、黄文明、尹大毅。

畜牧兽医大数据应用与管理
第3部分：信息分类与编码

1 范围

本文件规定了畜牧兽医行业大数据信息分类与编码的术语和定义、信息分类和信息编码。

本文件适用于畜牧兽医行业大数据的信息分类与编码方案的制定。

2 规范性引用文件

下列文件中的内容通过文中的规范性引用而构成本文件必不可少的条款。其中，注日期的引用文件，仅该日期对应的版本适用于本文件；不注日期的引用文件，其最新版本（包括所有的修改单）适用于本文件。

GB/T 7027 信息分类和编码的基本原则与方法

GB/T 13745 学科分类与代码

3 术语和定义

下列术语和定义适用于本文件。

3.1

信息分类 information classifying

把具有某种共同属性或特征的信息归并在一起，把具有不同属性或特征的信息区别开来的过程。

3.2

信息编码 information encoding

赋予事物或概念（编码对象）具有一定规律、易于计算机和人识别处理的代码，形成的代码元素集合。

4 信息分类

4.1 分类基本原则

信息分类应遵循科学性、系统性、实用性、可拓展性、兼容性原则。

4.1.1 科学性原则

以畜牧兽医行业信息最稳定的本质属性或特征作为信息分类的基础和依据。

4.1.2 系统性原则

按照畜牧兽医行业信息的内在联系，形成一个科学合理的分类体系。

4.1.3 实用性原则

按照重点突出、存储方便、检索高效的原则分类。

4.1.4 可扩展性原则

预留分类扩展空间，可在最低层级分类下制定分类细则。

4.1.5 兼容性原则

与国内已有的相关信息分类标准相协调。

4.2 信息分类方法

按照 GB/T 7027 的要求执行。以线分类法为主、面分类法为补充分类。具体方法见附录A。

5 信息编码

5.1 编码基本原则

信息编码应遵循唯一性、匹配性、可扩充性、简明性、规范性原则。

5.1.1 唯一性原则

每个畜牧兽医行业信息分类仅有一个编码，每个编码都具有唯一性。

5.1.2 匹配性原则

编码结构应与畜牧兽医行业信息分类体系相适应。

5.1.3 可扩充性原则

编码设计规则应有适当的可扩展容量。

5.1.4 简明性原则

编码结构应层次清晰、简洁明了。

5.1.5 规范性原则

编码的类型、结构和格式应规范、统一。

5.2 编码表现形式

5.2.1 数字格式

数字格式编码是用一个或若干个阿拉伯数字表示编码对象的代码，简称为数字码。

5.2.2 字母格式

字母格式编码是用一个或多个拉丁字母表示编码对象的代码，简称为字母码。

5.2.3 混合格式

混合格式编码是由数字、字母组成的编码，或由数字、字母、特殊字符组成的代码。可以简称为字母数字码或数字字母码。

5.2.4 特殊字符

特殊字符（如：&，@，……）即可以为数字与字母混合格式编码补充字母系统的字符。使用特殊字符可以使容量增加，并且可以为特殊处理保留语种字符的有效字符。

5.2.5 编码设计规则

编码的设计应遵循以下 3 个规则：

a) 以层次码为主体，每层中采用顺序码；

b) 层次码依据编码对象的分类层级，从左至右依次编码，分为第一层代码、第二层代码、第三层代码等，可根据发展需要增加，编码的左端为最高层级代码，右端为最低层级代码；

c) 顺序码包括递增顺序码、系列顺序码、约定顺序码。

5.3 信息编码方法

按照 GB/T 7027 的要求执行。具体方法见附录 B。

附　录　A
（资料性）
信息分类的基本方法

A.1　概述

信息分类的基本方法有 3 种：线分类法、面分类法、混合分类法。

A.2　线分类法

A.2.1　方法

线分类法是将分类对象（即被划分的事物或概念）按所选定的若干个属性或特征逐次分成相应的若干个层级的类目，并排成一个有层次的，逐渐展开的分类体系。在这个分类体系中被划分的类目称为上位类，划分出的类目称为下位类，由一个类目直接划分出来的下一级各类目，彼此称为同位类。同位类类目之间存在并列关系，下位类与上位类类目之间存在隶属关系。

A.2.2　要求

线分类法的要求包括以下 4 点：

a) 由某一上位类划分出的下位类类目的总范围应与该上位类类目范围相等；

b) 某一个上位类类目被划分成若干个下位类类目时，应选择同一种划分基准；

c) 同位类类目之间不交叉、不重复，并只对应一个上位类；

d) 分类要依次进行，不应有空层或加层。

A.2.3　示例

GB/T 13745《学科分类与代码》采用线分类法。该文件将畜牧兽医相关学科类型分成 3 个层级，第一层级用 3 位数字表示一级学科，第二层级用两位数字码表示二级学科，第三层级再用两位数字表示三级学科。部分代码见表 A.1。

表 A.1　线分类法示例表

代码	名称
230	畜牧、兽医科学
230.20	畜牧学
230.2010	家畜育种学
230.2015	家畜繁殖学
230.2020	动物营养学
……	……
230.30	兽医学
230.3010	家畜解剖学
230.3015	家畜组织胚胎学
230.3020	兽医免疫学
……	……

在表 A.1 中，畜牧、兽医科学相对于畜牧学、兽医学为上位类类目，畜牧学、兽医学相对于畜牧、兽医科学为下位类类目，畜牧学、兽医学是同位类类目。

A.3 面分类法

A.3.1 方法

面分类法是将选定的分类对象的若干个属性或特征视为若干个"面"，每个"面"又可分成彼此独立的若干个类目的信息分类方法。使用时，可根据需要将这些"面"中的类目组合在一起，形成一个复合类目。

A.3.2 要求

面分类法的要求包括以下 4 点：

a) 根据需求选择分类对象本质的属性或特征作为分类对象的各个"面"；

b) 不同"面"内的类目不应相互交叉，也不能重复出现；

c) 每个"面"有严格的固定位置；

d) "面"的选择以及位置的确定，根据实际需要而定。

A.3.3 示例

牛的分类可采用面分类法，牛的品种、用途、产地作为 3 个"面"，每个"面"又可分为若干个类目，见表 A.2。

表 A.2 面分类法示例表

品种	用途	产地
牦牛	奶牛	奉节县
黄牛	肉牛	云阳县
……	……	……

使用时，将有关类目组配起来。如奉节产奶牦牛、云阳肉用黄牛等。

A.4 混合分类法

混合分类法是组合使用线分类法和面分类法，以其中一种分类方法为主，另一种做补充的信息分类方法。

附　录　B

（资料性）

信息编码的基本方法

B.1　通则

编码方法应以预定的应用需求和编码对象的性质为基础，选择合适的编码结构。在决定编码结构
的过程中，既要考虑各种代码的编码规则，又要考虑各种代码的优缺点，还要分析代码的一般性特
征，选取适合的代码表现形式，研究代码设计涉及的各种因素，避免潜在的不良后果。

B.2　层次码

B.2.1　规则

层次码以编码对象集合中的层级分类为基础，将编码对象编码成连续且递增的组（类）。

位于较高层级的每一个组（类）都包含并且只能包含位于它下面较低层级全部的组（类）。这种
代码 类型以每个层级上编码对象特性之间的差异为编码基础。每个层级上的特性必须互不相容。

细分至较低层级的层次码实际上是较高层级代码段和较低层级代码段的复合代码。层次码的一般
结 构见图 B.1。

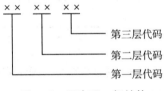

图 B.1　层次码一般结构

B.2.2　应用

层次码通常用于分类。层级数目的建立依赖信息管理的需求。层次码较少用于标识和参照目的。

层次码非常适合统计目的、报告货物运转、基于科学的出版分类等情况。

如表 B.1 所示，GB/T 13745《学科分类与代码》中的学科代码由 7 个数字位组成，下一级学科
相对于上一级学科，按固定的 2 位代码段递增。

表 B.1　固定递增格式示例表

代码	名称
230	畜牧、兽医科学
230.20	畜牧学
230.2010	家畜育种学

B.3　顺序码

B.3.1　规则

从一个有序的字符集和中按顺序取出字符分配给各个编码对象。这些字符通常是自然数的整数，
如以"1"打头，也可以是字母字符，如 AAA、AAB、AAC……。

B.3.2　应用

顺序码一般作为以标识或参照为目的的独立代码使用，或者作为复合代码的一部分使用，后一种

情况经常附加分类代码。

在码位固定的数字字段中，应用0填满字段的位数直到满足码位的要求。示例：在3位数字字段中，数字1编码为001，而数字15编码为015。

B.3.3 类型

顺序码有3种类型：递增顺序码、系列顺序码、约定顺序码。

B.3.3.1 递增顺序码

编码对象被赋予的代码值，可由预定数字递增决定。例如，预定数字可以是1（纯递增型），可以是10（只有10的倍数可以赋值），或者是其他数字（如偶数情况下的2）等。

用这种方法，代码值不具有任何含义。类似的编码对象的代码值不分组。

为了以后修改原始代码集，可能需要使用中间的代码值，这些中间代码值的赋值不必按1递增。GB/T 13745《学科分类与代码》采用线分类法，部分三级学科的编码见表B.2。

表 B.2　递增顺序码示例表

编码	三级学科
230.2010	家畜育种学
230.2015	家畜繁殖学
230.2020	动物营养学
230.2025	饲料学
……	……

B.3.3.2 系列顺序码

系列顺序码首先要确定编码对象的类别，按各个类别确定它们的代码取值范围，然后在各类别代码取值范围内对编码对象顺序赋予代码值。

表B.3为3位数字的系列顺序码示例。

表 B.3　系列顺序码示例表

代码	动物品种
100～199	牛的品种
200～299	羊的品种
300～399	猪的品种
……	……

系列顺序码只有在类别稳定，且每一具体编码对象在目前或可预见的将来都不可能属于不同类别的条件下才能使用。

B.3.3.3 约定顺序码

约定顺序码不是一种纯顺序码。这种代码只能在预先知道全部编码对象，且编码对象集合不会扩展的条件下才能顺利使用。

在赋予代码值之前，编码对象应按某些特性排列，例如，依名称的字母顺序排列，按（时间、活动的）年代顺序排列等。这样得到的顺序再用代码赋值表达，而这些代码值本身也应是从有序的列表中顺序选出的。

表B.4给出了按重庆市下辖县（区）按拼音字母顺序排列的数值化字母顺序码。

表 B.4 约定顺序码示例表

代码	畜牧产地
01	城口县（chengkou）
02	丰都县（fengdu）
03	垫江县（dianjiang）
……	……

ICS 65.020.30
CCS B 40

DB50

重 庆 市 地 方 标 准

DB50/T 1096.4—2021

畜牧兽医大数据应用与管理
第4部分：数据接口

2021-03-30 发布　　　　　　　　　　　2021-07-01 实施

重庆市市场监督管理局　发布

前　言

本文件按照 GB/T 1.1—2020《标准化工作导则　第 1 部分：标准化文件的结构和起草规则》的规定起草。

本文件是 DB50/T 1096 的第 4 部分。DB50/T 1096 已经发布了以下部分：

——第 1 部分：总则

——第 2 部分：元数据

——第 3 部分：信息分类与编码

——第 4 部分：数据接口

——第 5 部分：共享交换技术要求

——第 6 部分：信息资源目录

——第 7 部分：管理要求

请注意本文件的某些内容可能涉及专利。本文件的发布机构不承担识别专利的责任。

本文件由重庆市农业农村委员会提出并归口。

本文件起草单位：重庆市畜牧技术推广总站、重庆大学、广州中科易德科技有限公司、西南大学、广州中国科学院软件应用技术研究所。

本文件主要起草人：夏云霓、李晓波、古平、李引、陈红跃、樊莉、张科、何道领、黄文明、朱燕、赖鑫、高敏、陈雷。

畜牧兽医大数据应用与管理
第4部分：数据接口

1 范围

本文件规定了畜牧兽医行业大数据中数据接口的术语、定义和缩略语，网络要求和接口协议。

本文件适用于畜牧兽医云系统之间数据的对接与传输。

2 规范性引用文件

下列文件中的内容通过文中的规范性引用而构成本文件必不可少的条款。其中，注日期的引用文件，仅该日期对应的版本适用于本文件，不注日期的引用文件，其最新版本（包括所有的修改单）适用于本文件。

GB/T 36345 信息技术 通用数据导入接口

3 术语、定义

下列术语和定义适用于本文件。

3.1

数据接口 data interface

数据对接与传输过程中所需要的软硬件、网络环境及其在数据交换时需要符合的通信方式和要求。

4 缩略语

下列缩略语适用于本文件。

AES：高级加密标准（Advanced Encryption Standard）

CRC：循环冗余校验（Cyclic Redundancy Check）

JSON：JS对象标记（JavaScript Object Notation）

MD5：消息摘要算法第五版（Message-Digest Algorithm 5）

TCP/IP：传输控制协议/网际协议（Transmission Control Protocol/Internet Protocol） HTTP：超文本传输协议（HyperText Transfer Protocol）

VPN：虚拟专用网（Virtual Private Network）

5 网络要求

5.1 网络结构

畜牧兽医云通过互联网和各级管理与服务系统交换数据、发起和应答指令，具体见图1。

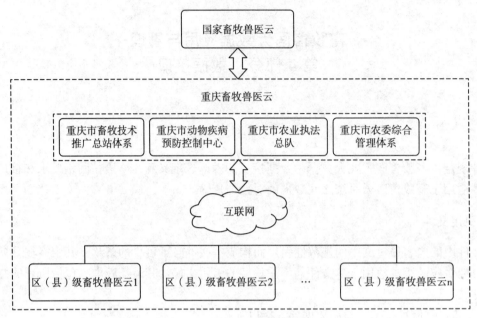

图 1　畜牧兽医云网络结构

5.2　网络连接

畜牧兽医云应有固定 IP 地址、端口号，通过 VPN 和各级管理与服务系统连接。

5.3　VPN 功能要求

VPN 功能要求见表 1。

表 1　VPN 功能要求

功能要求	描述
WEB 应用加速	对 WEB 访问资源的压缩
身份认证	支持短信认证、USB KEY 认证
单点登录	支持单点登录
备份功能	支持本地和远程备份及恢复

6　接口协议

6.1　基本要求

6.1.1　通信协议

数据通信基于 TCP/IP 协议和 HTTP 协议，并符合 GB/T 36345 的要求。包括以下情况：

a)　建立连接：采用 HTTP 通信方式实现端口监听，准备接收连接请求，并根据业务需求传输数据，传输结束后断开网络；

b)　自动重连：各级管理与服务系统应定时向畜牧兽医云发送心跳数据包，并监测连接的状态，监测到网络连接断开时，应自动重建连接；

c)　超时重发：一条指令发出后，在规定时间内未收到回应，则认为超时，超时后应重发，重发 3 次后仍未收到回应，则认为通讯失败，应自动重建连接。超时时间可根据具体情况自行设定；

d)　通信周期：支持被动传输和主动定时传输 2 种数据传输模式，主动定时传输周期可灵活设置，在 5min 到 24h。

6.1.2　数据安全

畜牧兽医云数据传输使用 AES 加密，身份认证使用 MD5 校验。

6.1.3 数据可靠性

数据包中的实体数据使用 CRC 校验，其中实体数据的组成见图2。

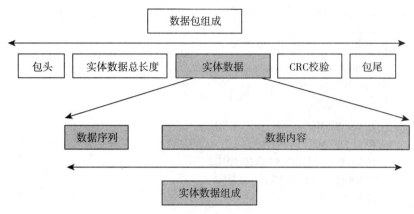

图 2　数据包的组成

6.1.4 数据扩展性

数据包中的指令内容采用 JSON 格式，可新增字段支持后期扩展。

6.2 接口协议数据结构

6.2.1 数据包的组成

接口协议数据包的组成应符合图2的规定。其中实体数据为经过 AES 加密的 JSON 格式数据，加密后以 ASCII 码的格式传输，其他数据明码传输。

6.2.2 数据包的结构

数据包的结构见表2。

表 2　数据包的结构

项目	类型	长度	说明
包头	十六进制	4 字节	固定为 0x68 0x68 0x16 0x16
实体数据总长度	十六进制	4 字节	代表当前数据包中的实体数据长度
实体数据	字符	N 字节（M+4）	实体数据为数据包的实体内容。M 含义见表3
CRC 校验	十六进制	2 字节	对实体数据进行 CRC 校验
包尾	十六进制	4 字节	固定为 0x55 0xAA 0x55 0xAA

6.2.3 实体数据的结构

实体数据的结构见表3。

表 3　实体数据的结构

项目	类型	长度	说明
数据序列	十六进制	4 字节	标识了各级管理与服务系统向畜牧兽医云发送的数 据序号，畜牧兽医云应答时，本项内容应按照各级管理与服务系统提供的数据序号填充
数据内容	字符	M 字节	根据数据序号，内容不同，数据内容是经过 AES 加密的 JSON 格式数据，加密后以 ASCII 码的格式传输

6.2.4 内容格式

数据内容采用 JSON 格式，示例见图3。

```
http://{SERVER_IP}/{SYTSTEM_NAME}/?
    ......
    Content-Type: application/json {
        "totalNum": 1,
        "data": [{
            "P_OPERATION": "ADD",
            "OBJID": "5CFC5CABA549CA9DE050A8C0DD01357A",
            "GSZCH": null,
            "JYXM_DETAIL": "畜禽肉类产品销售",
            "ZTYT_DETAIL": "肉类销售点",
            "SHXYM": "92440604MA4X4E4U5H",
            "RCJDGLJG": "重庆市农业执法总队",
            "FDDBR": "张××",
            ......
        }]
    }
```

图 3　数据内容格式示例

ICS 65.020.30
CCS B 40

DB50

重 庆 市 地 方 标 准

DB50/T 1096.5—2021

畜牧兽医大数据应用与管理
第5部分：共享交换技术要求

2021-03-30 发布

2021-07-01 实施

重 庆 市 市 场 监 督 管 理 局 发 布

前　言

本文件按照 GB/T 1.1—2020《标准化工作导则　第 1 部分：标准化文件的结构和起草规则》的规定起草。

本文件是 DB50/T 1096 的第 5 部分。DB50/T 1096 已经发布了以下部分：

——第 1 部分：总则

——第 2 部分：元数据

——第 3 部分：信息分类与编码

——第 4 部分：数据接口

——第 5 部分：共享交换技术要求

——第 6 部分：信息资源目录

——第 7 部分：管理要求

请注意本文件的某些内容可能涉及专利。本文件的发布机构不承担识别专利的责任。

本文件由重庆市农业农村委员会提出并归口。

本文件起草单位：重庆市畜牧技术推广总站、重庆大学、广州中科易德科技有限公司、西南大学、广州中国科学院软件应用技术研究所。

本文件主要起草人：夏云霓、古平、李引、李晓波、陈红跃、樊莉、张科、何道领、朱燕、黄文明、陈雷。

畜牧兽医大数据应用与管理
第5部分：共享交换技术要求

1 范围

本文件规定了畜牧兽医行业的数据共享与数据交换的技术要求。

本文件适用于畜牧兽医行业的数据共享与交换的具体实现。

2 规范性引用文件

下列文件中的内容通过文中的规范性引用而构成本文件必不可少的条款。其中，注日期的引用文件，仅该日期对应的版本适用于本文件；不注日期的引用文件，其最新版本（包括所有的修改单）适用于本文件。

GB/T 7408 数据元和交换格式 信息交换 日期和时间表示法

GB/T 11457 信息技术 软件工程术语

GB/T 20014.1 良好农业规范 第1部分：术语

GB/T 28167 信息技术 XML元数据交换（XMI）

GB/T 35295 信息技术 大数据 术语

GB/T 38672 信息技术 大数据 接口基本要求

3 术语、定义

下列术语和定义适用于本文件。

3.1

数据提供方 data provider

在数据共享与交换中提供数据的一方。

3.2

数据使用方 data user

在数据共享与交换中接收并使用数据的一方。

4 缩略语

下列缩略语适用于本文件。

HTTP：超文本传输协议（HyperText Transfer Protocol）

JSON：JS对象标记（JavaScript Object Notation）

MD5：消息摘要算法第五版（Message-Digest Algorithm 5）

5 数据共享与交换要求

5.1 数据共享要求

数据共享应符合以下要求：

a) 数据共享以WEB服务方式提供，按照GB/T 35295和GB/T 38672的要求进行；

b) 数据共享服务的设计、封装、开发按照GB/T 11457和GB/T 20014.1的要求进行。

5.2 数据交换方式

数据交换按照GB/T 7408和GB/T 28167的要求进行，分为以下3个阶段：

a) 数据使用方通过 HTTP 向数据提供方发起数据交换请求；

b) 数据提供方收到数据交换请求，解析数据报文，校验后发送合法数据，非法数据则发送错误代码；

c) 数据使用方接收数据并存储，返回一个数据报文，数据提供方根据返回的数据报文判断本次数据交换是否成功。

5.3　数据交换与内容格式

数据交换的内容以 JSON 为数据交换的媒介，其格式应符合 ECMAScript 8.0 的要求。

5.4　数据交换请求 JSON 格式

5.4.1　数据交换请求 JSON 应包含以下 4 个核心参数：

a) accessToken：调用接口的令牌。登陆成功后，返回一个 32 位的 Hash 字符串；

b) timestamp：接口使用方发出请求的客户端时间（采用东八区系统时间 UTC/GMT＋08：00）；

c) totalNum：表示数据交换携带的记录数量；

d) data：为 JSON 数组，存放交换数据。

5.4.2　数据交换请求示例见附录 A。

5.5　数据交换返回 JSON 格式

5.5.1　数据交换返回结果 JSON 应包含以下 4 个核心参数：

a) errorCode：为错误代码，表明数据交换失败的原因。数据交换成功时，该参数为 0；数据交换失败时，该参数为自定义的错误代码；

b) errorMessage：为返回结果信息，描述数据交换出错的具体情况。数据交换成功时，该参数为空值；数据交换失败时，该参数为自定义的错误原因；

c) success：标志此次数据交换是否成功。成功为 true，失败为 false；

d) data：数据交换成功时，data 参数为空值；数据交换失败时，data 参数存放交换失败的数据。

5.5.2　数据交换返回示例见附录 B 和附录 C。

5.6　数据共享与交换安全

5.6.1　数据交换请求及数据交换返回中的 data 部分，均使用 MD5 加密方式加密。在数据交换时，数据发送方在传输数据的同时提供 MD5 码，数据接收方接收后使用 MD5 码验证接收的数据。

5.6.2　使用 MD5 加密的实现示例见附录 D。

附 录 A
（资料性）
数据交换请求 JSON 示例

图 A.1 为数据交换请求 JSON 示例。

```
http://{SERVER_IP}/{SYTSTEM_NAME}/?
    accessToken=C7ABF9DAD2F94BB1907ADE0AFE3F4EC1&resourceCode=0104001&timestamp=201711091
53905
    Content-Type:application/json {
        "totalNum":1,
        "data":[{
            "P_OPERATION":"ADD",
            "OBJID":"5CFC5CABA549CA9DE050A8C0DD01357A",
            "GSZCH":null,
            "JYXM_DETAIL":"畜禽肉类产品销售",
            "ZTYT_DETAIL":"肉类销售点",
            "SHXYM":"92440604MA4X4E4U5H",
            "RCJDGLJG":"重庆市农业执法总队",
            "FDDBR":"张××",
            "JYCS":"重庆市九龙坡区白市驿镇黄金桥二号",
            "P_REGION_CODE":"440604",
            "FZRQ":"2017-10-18",
            "P_LAST_UPDATE_TIME":"2017-11-09 15:09:15",
            "PERMIT_STATUS":"NORMAL",
            "ZS":"重庆市九龙坡区白市驿镇黄金桥二号",
            "O_PERMIT_CODE":"\",
            "RCJDGLRY":"由负责日常监督管理机构指派",
            "YXKZ":"2022-10-17",
            "FZJG":"440604000000",
            "ZZJGDM":null,
            "XKZBH":"JY14406040114403",
            "QFR":"王××",
            "FZJG_DETAIL":"重庆市农业执法总队",
            "P_ID":"JY14406040114403",
            "ZSZTXZBM":"440604",
            "ZTYT":"1003",
            "JYXM":"0102、0301",
        }]
    }
```

图 A.1 数据交换请求 JSON 示例

附 录 B
（资料性）
数据交换成功返回 JSON 示例

图 B.1 为数据交换成功返回 JSON 示例。

```
{
    "errorCode": "0",
    "errorMessage": "",
    "success": "true",
    "data": [ ]
}
```

图 B.1　数据交换成功返回 JSON 示例

附　录　C

（资料性）

数据交换失败返回 JSON 示例

图 C.1 为数据交换失败返回 JSON 示例。

```
{
    "errorCode": "00000003",
    "errorMessage": "JSON数据验证失败",
    "success": "false",
    "data": [{"P_ID":"JY14406040114403"}, {"ZTYT":"40001001"}]
}
```

图 C.1　数据交换失败返回 JSON 示例

附　录　D

（资料性）

MD5 摘要 JAVA 实现示例

图 D.1 为 MD5 摘要 JAVA 实现示例。

```
import java.io.File;
import java.io.FileInputStream;
import java.io.IOException;
import java.security.MessageDigest;

public class MD5 {
    static char hexdigits[ ] = {'0', '1', '2', '3', '4', '5', '6', '7', '8','9', 'a', 'b', 'c',
'd', 'e', 'f'};
    /** 对data生成MD5摘要
    @param file 要加密的文件
    @return MD5摘要码
    */
    public static String getMD5(File file) {
        FileInputStream fis = null;
        try {
            MessageDigest md = MessageDigest.getInstance("MD5");
            fis = new FileInputStream(file);
            byte [ ] buffer = new byte[2048];
            int length = −1;
            while ((length = fis.read(buffer)) != −1) { md.update(buffer, 0, length); }
            byte[ ] b = md.digest( );
            return byteToHexString(b);
        }
        catch (Exception ex) {
            ex.printStackTrace( );
            return null;
        }
        finally {
            try { fis.close( ); }
            catch (IOException ex) { ex.printStackTrace( ); }
        }
    }

    /** 把byte[ ]数组转换成十六进制字符串表示形式
    @param tmp 要转换的byte[ ]
    @return 十六进制字符串表示形式
    */
```

```
private static String byteToHexString(byte[ ] tmp) {
    String s;
    char str[ ] = new char[16 * 2];
    int k = 0;
    for (int i = 0; i < 16; i++) {
        byte byte0 = tmp[i];
        str[k++] = hexdigits[byte0 >>> 4 & 0xf];
        str[k++] = hexdigits[byte0 & 0xf];
    }
    s = new String(str);
    return s;
}

public static void main(String arg[ ]) {
    System.out.println(getMD5(new File("d:/test.zip")));
}
}
```

图 D.1 MD5 摘要 JAVA 实现示例

ICS 65.020.30
CCS B 40

DB50

重 庆 市 地 方 标 准

DB50/T 1096.6—2021

畜牧兽医大数据应用与管理
第6部分：信息资源目录

2021-03-30 发布

2021-07-01 实施

重庆市市场监督管理局 发布

前　言

本文件按照 GB/T 1.1—2020《标准化工作导则　第 1 部分：标准化文件的结构和起草规则》的规定起草。

本文件是 DB50/T 1096 的第 6 部分。DB50/T 1096 已经发布了以下部分：

——第 1 部分：总则
——第 2 部分：元数据
——第 3 部分：信息分类与编码
——第 4 部分：数据接口
——第 5 部分：共享交换技术要求
——第 6 部分：信息资源目录
——第 7 部分：管理要求

请注意本文件的某些内容可能涉及专利。本文件的发布机构不承担识别专利的责任。

本文件由重庆市农业农村委员会提出并归口。

本文件起草单位：重庆市畜牧技术推广总站、重庆大学、广州中科易德科技有限公司、西南大学、广州中国科学院软件应用技术研究所。

本文件主要起草人：贺德华、李晓波、夏云霓、古平、陈红跃、樊莉、张科、何道领、黄文明、朱燕、李引、陈雷。

畜牧兽医大数据应用与管理
第6部分：信息资源目录

1 范围

本文件规定了畜牧兽医行业大数据信息资源目录的术语和定义、交换库和专题库的信息资源目录。
本文件适用于畜牧兽医行业大数据的信息资源目录服务。

2 规范性引用文件

本文件没有规范性引用文件。

3 术语和定义

下列术语和定义适用于本文件。

3.1

信息资源目录 information catalog

记录信息资源结构和信息资源属性的数据体系，是实现信息资源共享和业务协同的基础。

3.2

交换库 exchange database

一种信息资源数据库，用于存放未经过审核的临时数据。

3.3

专题库 thematic database

一种信息资源数据库，用于存放通过审核与归档之后的正式数据。

4 信息资源目录

信息资源目录见表1。三级及以后类别可根据实际情况扩展。

表 1 信息资源目录

序号	一级类别	二级类别	三级类别	四级类别
1	交换库/专题库	基础信息	场所信息	名称、地点、备案等
2			养殖信息	生产运行状态、养殖畜种及种类
3			粪污及环保	清粪方式等
4			防疫设施	消毒、隔离设施等
5		畜牧业生产	畜禽养殖	牧业产值
6				畜产品产量
7				畜禽年末存栏量
8				畜禽年出栏量
9				畜禽养殖场数量
10				畜禽养殖规模
11				牧草种植
12			效益监测	畜禽产品价格
13				主要投入品价格
14				产品成本与收益

表 1（续）

序号	一级类别	二级类别	三级类别	四级类别
15	交换库/专题库	畜牧业生产	养殖区划	禁养区
16				限养区
17				适养区
18			废弃物监管	养殖场密度
19				养殖规模热力
20				粪污处理工艺
21				有机肥生产情况
22				清粪方式
23				沼气利用方式
24				雨污分流
25				禁养区关闭搬迁进度
26				工程问题整治情况
27				碳排放指数
28				农田畜禽粪污负荷
29				土地承载力
30			种畜禽场监管	经营品种
31				种畜禽场类型
32				品种来源
33				基础母畜（禽）数量
34				公畜（禽）数量
35				年产量
36				年销售总量
37			屠宰监测	畜禽产地
38				屠宰检疫
39				屠宰量
40			技术服务	人工授精
41				仔猪阉割
42				无害化处理
43				标准规范
44				技术培训
45				绿色发展
46				典型案例
47		疫病防控	疫病预防	疫病免疫
48				疫病监测
49				调查与评估
50				清洗消毒
51			投入品监（检）测	饲料监测
52				兽药监测
53			畜产品监测	畜、禽产品质量监测
54		执法监督	动物及其产品检疫	产地检疫
55				屠宰检疫
56				流通检疫

表1（续）

序号	一级类别	二级类别	三级类别	四级类别
57	交换库/专题库	执法监督	兽药执法	生产环节检查
58				经营环节检查
59				使用环节检查
60			饲料执法	生产环节检查
61				经营环节检查
62				使用环节检查
63			种畜禽监督执法	规划布局情况
64				疫病净化和免疫消毒情况
65				生产经营情况
66				品种审定情况
67			生鲜牛奶监督执法	生产环节监管
68				运输环节监管
69				投入品监管
70			畜产品质量安全执法	投入品生产经营
71				收购贮运
72				屠宰批发

ICS 65.020.30
CCS B 40

DB50

重 庆 市 地 方 标 准

DB50/T 1096.7—2021

畜牧兽医大数据应用与管理
第7部分：管理要求

2021-03-30 发布　　　　　　　　2021-07-01 实施

重庆市市场监督管理局 发布

前　言

本文件按照 GB/T 1.1—2020《标准化工作导则　第 1 部分：标准化文件的结构和起草规则》的规定起草。

本文件是 DB50/T 1096 的第 7 部分。DB50/T 1096 已经发布了以下部分：

——第 1 部分：总则

——第 2 部分：元数据

——第 3 部分：信息分类与编码

——第 4 部分：数据接口

——第 5 部分：共享交换技术要求

——第 6 部分：信息资源目录

——第 7 部分：管理要求

请注意本文件的某些内容可能涉及专利。本文件的发布机构不承担识别专利的责任。

本文件由重庆市农业农村委员会提出并归口。

本文件起草单位：重庆市畜牧技术推广总站、重庆大学、广州中国科学院软件应用技术研究所、西南大学、重庆市巴川中学校。

本文件主要起草人：陈红跃、古平、李晓波、夏云霓、樊莉、张科、何道领、李引、黄文明、朱燕、万昀烨、尹大毅。

畜牧兽医大数据应用与管理
第7部分：管理要求

1 范围

本文件规定了畜牧兽医行业大数据的数据目录、数据共享、数据开放、系统管理、安全管理的要求。

本文件适用于畜牧兽医行业大数据的应用管理。

2 规范性引用文件

下列文件中的内容通过文中的规范性引用而构成本文件必不可少的条款。其中，注日期的引用文件，仅该日期对应的版本适用于本文件；不注日期的引用文件，其最新版本（包括所有的修改单）适用于本文件。

GB/T 39477 信息安全技术 政务信息共享 数据安全技术要求

DB50/T 1096.6 畜牧兽医大数据应用与管理 第6部分：信息资源目录

3 术语和定义

本文件没有需要界定的术语和定义。

4 基本要求

4.1 畜牧兽医行业大数据的管理包括数据目录、数据共享、数据开放、系统管理和安全管理。

4.2 畜牧兽医行业大数据管理遵循统筹管理、集约建设、充分应用、安全可控的原则。

4.3 畜牧兽医云是畜牧兽医行业大数据管理基础平台，集中存储畜牧兽医行业大数据，统一提供畜牧兽医行业大数据管理服务。

4.4 畜牧兽医行业有关数据共享与信息安全等的管理按照GB/T 39477的要求执行。

5 数据目录

按照DB50/T 1096.6的要求建立统一目录，为畜牧兽医行业数据共享、开放、应用提供依据。

6 数据共享

6.1 畜牧兽医行业大数据分为无条件共享、有条件共享和不予共享3种类型。

6.2 畜牧兽医行业大数据应统一通过畜牧兽医云实现数据共享。

7 数据开放

7.1 畜牧兽医行业大数据分为无条件开放、有条件开放和不予开放3种类型。

7.2 畜牧兽医行业大数据应统一通过畜牧兽医云实现数据开放。

8 系统管理

8.1 畜牧兽医云的建设运维单位负责系统的建设、运行和维护，明确数据使用的行为规范和安全责任。

8.2 按照"一数一源、一源多用"的原则，数据共享开放主体对畜牧兽医行业大数据进行筛选、清洗、脱敏等处理。

9 安全管理

9.1 按照分级分类、逐级审核的原则，明确各级主体的安全管理责任。

9.2 畜牧兽医云的建设运维单位应建立安全管理制度和应急预案，定期开展安全审查和应急演练。

9.3 采取信息技术手段，对畜牧兽医云的系统运行状态和操作行为进行监控和记录，建立可记录、可审计、可追溯的全过程系统安全管理机制。

9.4 采取数据加密、访问认证等安全防护措施，加强数据共享、开放、应用等全过程的安全管理。

十三、畜禽粪污资源化利用

（4个）

ICS 65.040.10
CCS B 43

DB50

重 庆 市 地 方 标 准

DB50/T 1268—2022

规模猪场异位发酵床建设与管理规范

2022-07-15 发布　　　　　　　　　　　　2022-10-15 实施

重庆市市场监督管理局 发布

前　言

本文件按照 GB/T 1.1—2020《标准化工作导则　第 1 部分：标准化文件的结构和起草规则》的规定起草。

请注意本文件的某些内容可能涉及专利。本文件的发布机构不承担识别专利的责任。

本文件由重庆市农业农村委员会提出并归口。

本文件起草单位：重庆市畜牧技术推广总站、万州区畜牧技术推广站、重庆溯青环保技术研究院有限公司、重庆市农业广播电视学校。

本文件主要起草人：何道领、韦艺媛、马秀云、骆世军、王绍熙、蔡娟、唐波、陈红跃、朱燕、李晓波、高敏、蒋林峰、袁昌定、刘良。

规模猪场异位发酵床建设与管理规范

1 范围

本文件规定了规模猪场异位发酵床建设与管理的术语和定义、选址布局、主要设施设备、发酵床制作、运行管理、其他要求等内容。

本文件适用于规模猪场异位发酵床建设和管理。

2 规范性引用文件

下列文件中的内容通过文中的规范性引用而构成本文件必不可少的条款。其中，注日期的引用文件，仅该日期对应的版本适用于本文件；不注日期的引用文件，其最新版本（包括所有的修改单）适用于本文件。

GB/T 26624　畜禽养殖污水贮存设施设计要求

GB/T 27622　畜禽粪便贮存设施设计要求

GB 50069　给水排水工程构筑物结构设计规范

NY/T 1168　畜禽粪便无害化处理技术规范

NY/T 3048　发酵床养猪技术规程

3 术语和定义

下列术语和定义适用于本文件。

3.1

异位发酵床　ectopic fermentation bed

在舍外建设的，运用槽式堆肥等工艺，通过好氧微生物的发酵作用，进行粪污处理的一种设施。

4 选址布局

4.1 选址

选址应符合区域内土地使用规划，并符合 GB/T 27622 和 NY/T 1168 的要求，交通便利。

4.2 布局

应按猪场粪污处理工艺流程，布局在养殖场主导风向的下风向或侧风向，并留有扩建余地。

5 主要设施设备

5.1 粪污暂存池

5.1.1 地下水位低的场地宜建造地下式贮存设施；地下水位较高的场地宜建造地上式贮存设施。

5.1.2 粪污暂存池容积按生猪设计存栏不小于 0.2 m³/头建设。其防渗效果应符合 GB 50069 和 GB/T 26624 的要求。应设置顶棚，周围应设置导流渠、标识和围栏等安全防护设施。

5.2 发酵槽

5.2.1 采用地上式单列、双列或多列式长方形发酵槽。槽长和槽宽根据翻抛机宽度和发酵槽规模决定，发酵槽面积按生猪设计存栏不小于 0.2 m²/头建设，槽底宜采用混凝土地面，且高于槽外地面 30cm。沿发酵槽槽长方向设置曝气导流沟，沟内放置带孔 PVC 管，管周以碎石填充。

5.2.2 墙体的结构、厚度根据翻抛机规格建设，应符合 GB 50069 和 GB/T 27622 的要求。墙体高度宜为 1.5m～2m。

5.2.3 发酵床顶部设置雨棚，宜采用钢构透明材质，顶棚下沿与设施地面净高不小于 3.5m。

5.3 喷污渠

喷污渠位于发酵槽的一侧或者中间，宽 60cm~80cm，其墙面和底面应做防渗处理。

5.4 翻抛机

可选用链板式、滚筒式、桨叶式、螺旋式翻抛机。

5.5 曝氧风机

曝气风量宜为 $0.05m^3/min$~$0.2m^3/min$。

6 发酵床制作

6.1 原料要求

6.1.1 粪浆

粪尿全量收集，在粪污暂存池切割、搅拌为粪浆。

6.1.2 垫料

以锯末、秸秆屑、稻壳等为主，细度适中，且无腐烂、霉变、异味。不使用有杀菌性、有油性的樟木、松木锯末等垫料。

6.1.3 菌种

选择枯草芽孢杆菌等好氧性菌种，符合 NY/T 3048 的要求。

6.2 发酵床启用

6.2.1 装填混匀

底层铺一层约 20 cm 的垫料后，交叉装填垫料和菌种，比例和混匀方式根据使用菌种要求而定。垫料装填高度宜为 1.2m~1.5m。

6.2.2 喷洒粪浆

在发酵床体上均匀喷洒粪浆，混合后的物料含水量宜为 45%~65%。

6.2.3 翻抛

在喷洒粪浆的同时翻抛。

7 运行管理

7.1 添加菌种与垫料

当发酵床装填物高度下降 20cm 时，应及时补充垫料和菌种至设计高度，补充比例符合菌种使用要求。

7.2 喷洒粪浆

每次粪浆的喷洒量应依据垫料湿度调整，保持含水量在 45%~65%。

7.3 翻抛深度

翻耙齿离发酵床底面的距离宜为 5cm~10cm，使垫料均匀翻抛。

7.4 翻抛次数

每天来回翻抛至少 1 次。

7.5 通风

封闭式异位发酵床应设置通风口。

8 其他要求

8.1 温度监测

发酵床运行时应监测温度，监测点宜均匀设置在发酵槽中轴线，每槽不少于 3 个，做好记录，出现异常情况时及时处理。

8.2 消毒管理

猪舍消毒时，应避免含有消毒液的粪污进入发酵床。

8.3 利用周期

发酵床垫料利用年限宜为 1 年～3 年。

8.4 台账管理

垫料利用应做好台账记录，按 NY/T 1168 的要求执行。

———————————

ICS 65.020.01
CCS B 43

DB50

重 庆 市 地 方 标 准

DB50/T 1269—2022

畜禽粪污资源化利用 术语

2022-07-15发布　　　　　　　　　　　　2022-10-15实施

重庆市市场监督管理局　发布

前　言

本文件按照 GB/T 1.1—2020《标准化工作导则　第 1 部分：标准化文件的结构和起草规则》的规定起草。

请注意本文件的某些内容可能涉及专利。本文件的发布机构不承担识别专利的责任。

本文件由重庆市农业农村委员会提出并归口。

本文件起草单位：重庆市畜牧技术推广总站、重庆市农业广播电视学校。

本文件主要起草人：韦艺媛、何道领、王震、高敏、王绍熙、蔡娟、唐波、蒋林峰、袁昌定、李晓波、陈红跃。

畜禽粪污资源化利用　术语

1　范围

本文件规定了畜禽粪污资源化利用的基础术语、收集方式术语、处理方式术语、利用方式术语及定义。
本文件适用于畜禽粪污收集、处理及资源化利用相关领域。

2　规范性引用文件

本文件没有规范性引用文件。

3　基础术语

3.1

固体粪污　solid manure
畜禽养殖过程中产生的粪便、饲料残渣、垫料等固态、半固态废弃物质。

3.2

液体粪污　liquid manure
畜禽养殖过程中产生的尿液、污水等液态废弃物质。

3.3

畜禽粪污　animal manure
畜禽养殖过程中产生的固体粪污与液体粪污混合物。

4　收集方式术语

4.1

全量收集　slurry manure collection
固体粪污与液体粪污不经分离，全部收集。

4.2

分离收集　separated manure collection
固体粪污与液体粪污分离后，分别收集。

4.3

干清粪　dry manure cleaning
从畜禽舍内把固体粪污和液体粪污分离，采用人工或机械方式将固体粪污及时清除的清粪方式。

4.4

水冲式清粪　water flushing fecal cleaning
用水将畜禽粪污冲洗出畜禽舍的清粪方式。

4.5

水泡式清粪　blister fecal cleaning
畜禽粪污排放到漏缝地板下的粪沟中，储存一定时间后排出的清粪方式。

5　处理方式术语

5.1

堆肥处理　composting
固体粪污集中堆放，通过生物降解作用，将有机固体转化成腐殖质的处理方式。根据供氧条件不同，分为好氧堆肥和厌氧堆肥。

5.2

发酵床处理 fermentation bed

将微生物与锯末、谷壳或秸秆屑等辅料按一定比例制成垫料，畜禽粪污与垫料混合后，利用微生物发酵，及时分解和消化的处理方式。

5.3

沼气处理 biogas treatment

畜禽粪污在一定条件下经微生物分解转化，产生沼气、沼渣和沼液的处理方式。

5.4

生物塘处理 lagoon treatment

液体粪污经前期处理后进入污水处理池或塘，通过人工曝气或利用水生植物系统对其进行进一步深度处理的方式。

5.5

化粪池处理 septic-tank treatment

在贮存设施中利用微生物分解畜禽粪污的处理方式。

6 利用方式术语

6.1 固体粪污利用方式术语

6.1.1

农家肥利用 farmyard manure

固体粪污（含沼渣）通过堆肥等方式处理后，就地、就近还田的利用方式。

6.1.2

商品有机肥利用 commercial organic fertilizer

固体粪污（含沼渣）经过专业化处理生产有机肥，达到有机肥产品相关标准，作为商品销售的利用方式。

6.1.3

垫料利用 mat utilization

固体粪污（含沼渣）用堆肥等方式处理后，作为养殖场圈舍垫料的利用方式。

6.1.4

栽培基质利用 cultivation substrates

固体粪污用堆肥等方式处理后，作为生产基质的原料以栽培果蔬、食用菌等的利用方式。

6.1.5

饲料利用 worm feeding

固体粪污作为饲料，饲喂蚯蚓、蝇蛆、黑水虻等的利用方式。

6.1.6

固粪委托处理利用 entrust others to handle

委托专业机构处理、利用固体粪污。

6.2 液体粪污利用方式术语

6.2.1

沼液还田利用 returning biogas slurry to field

经沼气处理后产生的沼液还田的利用方式。

6.2.2

肥水利用 integration of fertilizer and water

液体粪污经过化粪池等处理后还田的利用方式。

6.2.3

液态有机肥利用 liquid organic fertilizer

液体粪污经过专业化处理后生产有机肥的利用方式。

6.2.4

液粪委托处理利用 entrust others to handle

委托专业机构处理、利用液体粪污。

———————————

ICS 65.020.30
CCS B 43

DB50

重 庆 市 地 方 标 准

DB50/T 1276—2022

规模猪场饮用余水收集利用技术规范

2022-07-15 发布
2022-10-15 实施

重庆市市场监督管理局 发布

前　言

本文件按照 GB/T 1.1—2020《标准化工作导则　第 1 部分：标准化文件的结构和起草规则》的规定起草。

请注意本文件的某些内容可能涉及专利。本文件的发布机构不承担识别专利的责任。

本文件由重庆市农业农村委员会提出并归口。

本文件起草单位：重庆市万州区畜牧技术推广站、重庆市畜牧技术推广总站。

本文件主要起草人：马秀云、贺德华、朱燕、骆世军、林君、陈春勇、熊建国、武秋申、陈光国、童付云、付钱良、吴梅、张宇航、彭国丹、黄德祥、冉玲、黄锐。

规模猪场饮用余水收集利用技术规范

1 范围

本文件规定了规模猪场饮用余水收集利用的术语和定义、收集利用要求、水压要求、收集管网、接水罩要求、集水池、沉淀池、利用途径等内容。

本文件适用于规模猪场的饮用余水收集利用。

2 规范性引用文件

下列文件中的内容通过文中的规范性引用而构成本文件必不可少的条款。其中，注日期的引用文件，仅该日期对应的版本适用于本文件；不注日期的引用文件，其最新版本（包括所有的修改单）适用于本文件。

GB 5084　农田灌溉水质标准

GB 11607　渔业水质标准

GB 50069　给水排水工程构筑物结构设计规范

3 术语和定义

下列术语和定义适用于本文件。

3.1

饮用余水　drinking leak water

生猪饮水过程中未吸食利用的水。

4 收集利用要求

4.1　按照减量化、无害化、资源化的原则，对猪饮用余水进行全量收集利用。

4.2　饮用余水收集利用工艺流程见图1。

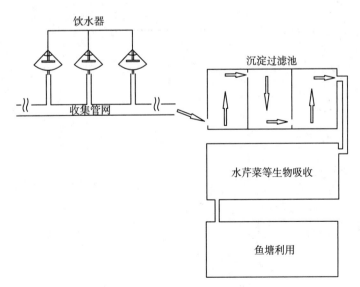

图 1　饮用余水收集利用工艺流程

5 水压要求

饮水器水压为 0.05MPa~0.1MPa，以手压饮水器阀杆时水不喷出接水罩为宜。

6 收集管网

6.1 宜安装自动饮水器，材质以不锈钢为宜。饮水器安装高度应符合以下要求：

a) 种猪舍 50cm~55cm；

b) 保育舍 20cm~40cm；

c) 育肥舍 30cm~50cm。

6.2 舍内饮用余水收集主水管径≥110mm，以 PE 管为宜；舍外主水管径≥160mm。

6.3 接水罩底部排水孔通过软管连接舍内主水管。

7 接水罩要求

7.1 饮水器外应配装接水罩，饮水嘴至接水罩边缘距离 12cm~15cm。

7.2 接水罩连接排水孔管径以 32mm 为宜，以防饲料、毛屑堵塞排水孔。

8 集水池

8.1 集水池分为地上式和地下式 2 种，结构应符合 GB 50069 的要求。

8.2 集水池高度不宜超过 1m。

9 沉淀池

9.1 沉淀池宜为地下式，设有进、出水口，进行防渗漏、防外溢处理，加盖雨棚。

9.2 沉淀池应每周清理 1 次，夏季应增加清理次数。

10 利用途径

10.1 沉淀后的水质应符合 GB 5084 和 GB 11607 的要求。

10.2 用于种植和水产养殖等。

_____

ICS 65.020.30
CCS B 43

DB50

重 庆 市 地 方 标 准

DB50/T 1277—2022

规模猪场粪尿全量收集堆肥
发酵技术规范

2022-07-15 发布

2022-10-15 实施

重庆市市场监督管理局 发布

前　言

本文件按照 GB/T 1.1—2020《标准化工作导则　第 1 部分：标准化文件的结构和起草规则》的规定起草。

请注意本文件的某些内容可能涉及专利。本文件的发布机构不承担识别专利的责任。

本文件由重庆市农业农村委员会提出并归口。

本文件起草单位：重庆市万州区畜牧技术推广站、重庆市畜牧技术推广总站。

本文件主要起草人：骆世军、贺德华、朱燕、马秀云、林君、徐锋、张波、武秋申、李宁波、赖玉兰、骆世媛、周康康、何光兰、赖于成、崔俊。

规模猪场粪尿全量收集堆肥发酵技术规范

1 范围

本文件规定了规模猪场粪尿全量收集堆肥发酵的基本要求、粪尿收集、猪床要求、堆肥发酵场地要求、处理设备、处理工艺和运行维护等内容。

本文件适用于采用水污分离方式且粪尿全量收集作发酵处理的规模猪场。

2 规范性引用文件

下列文件中的内容通过文中的规范性引用而构成本文件必不可少的条款。其中，注日期的引用文件，仅该日期对应的版本适用于本文件；不注日期的引用文件，其最新版本（包括所有的修改单）适用于本文件。

GB/T 27622　畜禽粪便贮存设施设计要求

GB/T 36195　畜禽粪便无害化处理技术规范

NY/T 3442　畜禽粪便堆肥技术规范

3 术语和定义

本文件没有需要界定的术语和定义。

4 基本要求

4.1　按照减量化、无害化、资源化的原则，对粪尿进行全量收集并作发酵处理。

4.2　采用自动清粪，配备与养殖规模相适应的设施设备，确保正常运行。

4.3　做好防渗防漏、雨污分流、水污分离工作。

5 粪尿收集

5.1　将养殖过程中排泄的粪尿全量收集。

5.2　粪尿经过粪沟或管道直接进入集粪池处理。

6 猪床要求

6.1　宜采用低架网床等漏缝设施，网床距檐口高度宜为 2.2m～2.4m，距地面高度宜为 0.7m～1.0m；网床缝隙宽度为 1cm～1.1cm，承重力不低于 5 000kg/m²，钢网形变±5 cm，且能恢复原貌。

6.2　低架网床下设刮粪沟，墙体和地面应符合 GB/T 27622 的要求。

7 堆肥发酵场地要求

7.1　堆肥发酵场地应符合 GB/T 36195 和 NY/T 3442 的要求。

7.2　发酵棚宜采用阳光棚，净高不低于 5m，墙体和地面应符合 GB/T 27622 的要求。

7.3　每头存栏生猪粪污暂存池容积不小于 0.2m³，发酵床建设面积不小于 0.2m²。

7.4　堆肥发酵场地应通风、防雨、防渗。

8 处理设备

8.1　采用堆肥方式处理的，宜配套混合、输送、搅拌、供氧等机械设备。

8.2　采用异位发酵床工艺处理的，宜配套搅拌等机械设备。

8.3　处理设备应符合 NY/T 3442 的要求。

9　处理工艺

9.1　发酵要求

9.1.1　堆肥工艺流程应符合 NY/T 3442 的要求。

9.1.2　在发酵过程中，根据物料升温情况适量补充菌剂并持续添加新粪尿，实现物料循环使用。

9.2　物料要求

9.2.1　物料包括原料、辅料和菌剂等。

9.2.2　原料来源于生猪粪尿等，含水量宜在 90％以下。

9.2.3　辅料宜选择秸秆屑、谷壳、锯末等，含水量宜在 20％以下，保持良好的吸水性和通透性。

9.2.4　菌剂应选择合格产品并按说明书使用。

9.2.5　原辅料配比及预处理要求应符合 NY/T 3442 的要求。

9.3　质量要求

堆肥产物质量应符合 NY/T 3442 的要求。

10　运行维护

10.1　制定并执行运行维护制度。

10.2　加强日常管理。

10.3　专人记录堆肥温度、添加用量等资料，档案记录保留 2 年以上。

_____